U0257564

2024年中宣部主题出版
重点出版物

林晶晶 著

共和国
100个
经典
民生设计

江苏凤凰美术出版社

图书在版编目（CIP）数据

共和国100个经典民生设计／林晶晶著. -- 南京：
江苏凤凰美术出版社，2024. 10.（2025.5 重印）-- ISBN 978-7-5741
-2391-5

Ⅰ. TB472

中国国家版本馆CIP数据核字第2024KV0827号

策 划 编 辑　方立松
责 任 编 辑　刘九零　凌箐箐
责 任 校 对　唐　凡
责 任 监 印　张宇华　唐　虎
责任设计编辑　赵　秘
书 籍 设 计　周伟伟　张云浩

书　　　名　共和国100个经典民生设计
著　　　者　林晶晶
出版发行　江苏凤凰美术出版社（南京市湖南路1号 邮编：210009）
印　　　刷　上海雅昌艺术印刷有限公司
开　　　本　787 mm×1092 mm 1/32
印　　　张　16.375
版　　　次　2024年10月第1版
印　　　次　2025年5月第2次印刷
标 准 书 号　ISBN 978-7-5741-2391-5
定　　　价　198.00元

营销部电话 025-68155675　营销部地址 南京市湖南路1号
江苏凤凰美术出版社图书凡印装错误可向承印厂调换

中国工业化进程中的产品设计实践

国家工业化进程中的工业产品设计并非单纯的经济活动，亦有政治维度。这决定了国家不但是一个功能性存在，也是工业化的一个基本要素，对工业产品的设计具有直接的影响。新中国的工业化发展更是在一系列战略安排下，通过调整生产关系来促进生产力的发展的。"1949年以来，中国工业生产能力不断提升，建立了完备的涵盖39个大类、191个中类、525个小类全部工业门类的现代工业体系。"[1] 尽管不同行业、不同地区的工业产品设计形态和设计要求不尽相同，但都有一个共同的特点，就是在中国特色社会主义发展"建国立制""兴国改制"和"强国定制"的各个阶段，都必须努力回应时代和人民的需求。由此可见，工业产品设计的工作关乎国计民生。因此，回溯共和国75年以来的工业产品设计，不仅可以记录中国设计师们造物制器的历程，而且还能展示出在中国共产党领导下，中国人民为建设社会主义现代化强国而奋斗的壮丽画卷。

一、中国工业化道路与工业产品设计

自19世纪以来，工业化一直是各国竞逐富强的必由之路。工业化是世界各国经济发展的普遍规律，是发展中国家迈向现代化的重要历史阶段。一般认为，工业化是指从以传统农业为主导的经济体系向以现代工业为主导的经济体系转变的过程。工业化的基本特征可以

---

1 李金华.新中国70年工业发展脉络、历史贡献及其经验启示[J].改革，2019(4):5.

概括为：在技术进步上主要表现为由手工劳动向机器生产转变，再由机器生产向自动化、信息化转变的过程；在经济结构上主要表现为由以农业为主向以工业为主转变、就业人口中农业比重较大向工业比重较大转变的过程；在生产组织形式上主要表现为社会分工专业化、细化程度不断提高，社会生产由以家庭为单位向以企业为单位转变的过程；在社会形态上主要表现为由贫穷落后的农业社会文明向先进发达的工业社会文明转变的过程，是社会经济制度、科学技术、文化教育不断发展的过程。工业化战略是指一个国家或地区工业化要实现的目标以及实现目标的路径。在世界范围内，工业化的推进必然伴随着资源配置向先行工业化国家倾斜，即落后的传统经济国家和地区处于被动的低端，利润流向新兴工业国家。从历史上看，这种流动主要有两种方式：一是政府依靠战争、不平等条约等强制手段，直接或间接地掠夺殖民地、半殖民地以及经济落后国家（看得见的手）；二是通过投资、贸易等经济手段（看不见的手），依靠资本、技术和垄断来完成。在1945年第二次世界大战结束以前，工业化国家的竞争主要表现为第一种方式。

1949年以前，从中国当时的工业结构看，重工业部门属于明显落后、严重短缺的部门。1936年主要工业部门资料统计，重工业仅占全部工业总产值的17.3%，而纺织业和食品业两个部门就占了63%。其中，重工业中又有半数是国外资本。在这样的情况下，中国重工业产品设计不可能有所作为，实际情况就是"一辆汽车、一架飞机、一辆坦克、一辆拖拉机都不能造"[1]。纺织品、食品、化妆品以及其他轻工业产品虽然也有一些终端产品设计，但主要是通过美术、图案的方法做简单包装，设计能级比较低下。这种与大国地位极不相称的经济落后状况，是导致新中国选择优先发展重工业赶超战略的基本原因之一。另一个原因是，第二次世界大战以后，世界格局发生了根本性变化：一方面，出现了与帝国主义阵营相抗衡的强大的社会主义阵营；另一方面，在国家独立和民族解放浪潮中形成了一大批不容忽视的发展中国家。但是战争的阴霾并没有散去，冷战格局的形成和朝鲜战争、越南战争等都对中国的国家安全和统一构成了威胁，当时的国际环境也是促成中国选择优先发展重工业道路的重要因素。因而在1949年3月党的七届二中全会上，毛泽东指出："在革命胜利以后，迅速地恢复和发展生产，对付国外的帝国主义，使中国稳步地由农业国转变为工业国，把中国建设成一个伟大的社会主义国家。"[2]1953年，毛泽东进一步指出，要把建设重点放在重工业上，以增强国防力量，向社会主义前进，并在《论十大关系》和《关于正确处理人民内部矛盾的问题》中，再次强调要优先发展重工业，为建立独立的工业化体系提供了理论保障。

1 中共中央文献研究室.毛泽东文集（第6卷）[M].北京:人民出版社, 1999:329.
2 毛泽东选集(第4卷)[M].北京:人民出版社, 1991: 1437.

1949—1978年是中国"求强"的阶段。经济发展特征可以概括为重视重工业，轻视轻工业。这一时期，中国的装备制造业设计处于优先发展地位。所谓"装备制造业"，是指"为国民经济各部门进行简单再生产和扩大再生产提供生产工具的制造部门的总称"，与国际上对机械工业的定义是相同的。之所以要创造这一新术语，是为了区别于一般"加工制造业"，如电视接收机、自行车等制造行业。也就是说，装备制造业是机械工业中技术较为复杂的高端部分，如工程机械、机床工业、海洋工程装备、核电装备、重型机械等。在机械工业领域，具有战略性的部分也是装备制造业。因此，1950年2月，国家重工业部在政务院总理周恩来和政务院副总理陈云的指示下，以"化万能为专能、集专能为万能"为目标，对我国的机械工业企业进行了初步划分。

装备制造业的设计体现了"工程技术"和"技术集成"的特征。新中国成立以后，装备方面的国际技术、终端产品一直没有停止过向中国转移，只是由整体转向分散，来自全球不同国家和地区的先进工业技术在中国被集成、应用；而通过国际采购大量优质工业原材料、重大装备乃至轻工业制造装备，都在更新中国现代设计观念的同时催生了中国大量优秀的设计。在引进以后，中国的工程技术人员便以"优化""改进"为目标进行了产品的拓展。从理论上讲，只要工业产品的使用地区发生了变化，其设计就一定会有所改进，以适应该地区的自然环境，满足使用者的需求。装备的技术综合性和结构复杂性决定了其研制是一个研究、创新的过程。对一种新装备的研发来讲，达到产品设计定型和生产定型所需要的时间通常为3—5年，而达到现代高技术水平所需要的时间更长，约为10年。对已有装备进行改进，或利用基准装备设计变型装备，研制周期就会短一些。以上设计研制工作通常需要几百名技术人员参加，其设计的复杂程度可见一斑。

1949—1978年，在重工业优先发展战略和计划经济下，从一个个工厂"点"，演变为一个个工业门类"线"，最后织成了完整的工业体系"网"，从量的积累向质的飞跃，从点的突破向系统能力的提升，中国首次基本建成了比较完整的工业体系。工业产品的设计在其中发挥了构建"工业产品链"的作用，推动着中国比较完整的工业体系向着自身的战略目标不断前行。

1979—1997年是中国"求富"的阶段，经济发展特征可以概括为"农、轻、重"同步发展，此时对于市场经济的认识发生了重要变化。这一时期，轻工业产品的设计被置于优先位置，除了引进大量的先进轻工业生产装备改善其生产技术外，国家还以轻工业部为重点，派出留学生相继到德国、日本等国家学习工业设计，并邀请国外专家来华传授设计经验，中国的设计师开始反思过去的设计工作，逐步走出了依靠单一美化理念和手段进行轻工业产品设计的传统，开始正视消费者新的生活需求，学习借鉴国外轻工业产品设计的流程和品牌概念，尝试新产品的设计。此外，南方地区的"三来一补"经济形态使得我们更加直观地看到国外轻工业产品，特别是电子工业产品设计的价值。这些产品体现了20世纪70年代中期以电子、微电子技术为代表的第三次工业革命以后的产品设计理念；这种设计充分激发了消费者使用新产品的激情，有效地提升了人们的生活品质，在产品设计、品牌塑造、消费者利益点传播方面具有独特的建树，因而成为中国设计追赶的目标。1979—1997年是工业化快速推进阶段，在不到20年的时间里，伴随着经济体制的转轨，我国的经济总量翻了两番。自此，中国工业化爆发出令世界震惊的活力。

从1997年开始，国内市场结束了自新中国成立以来就存在的短缺经济和卖方市场，低水平和重复建设的外延型经济扩张失去了需求的支持。但是这种生产能力和产品的相对过剩又是结构性的，科技含量高的新产品、新产业的发展空间仍然很大，而简单的、科技含量低的轻工业日用消费品则已经市场饱和，出现过度竞争，国家为此开展了大规模产业结构调整。"1998年以来，我国产业结构调整和工业发展表现出向重化工业倾斜的趋势，主要来自以下三个动力：(1)工业本身发展的需要，因为要建立具有国际竞争力的制造业体系，就必须发展重工业；(2)城市化、基础设施和能源建设的需要，我国的城市化水平相对滞后于工业化，现在正加速发展，而这需要大量的道路、水电、房屋等基础设施建设；(3)消费升级的需要，中国人民已经解决了温饱问题，现在正向全面小康社会发展，因此住房、汽车、高档电器、旅游等成为新的消费热点。"[1]这一时期，中国工业产品设计的理念与国际进一步接轨，并展开了一场具有历史意义的设计观念大讨论，无论是力图建立一个完整的设计思想形式模型的努力，还是竭力类比国外成功设计案例的尝试，抑或是对传统设计思想资源进行再开发的主张，都体现了对于新的工业产品设计知识的探求和对于中国设计未来转型发展的思考。

1998—2005年，中国正处于探索新型工业化道路阶段，工业化的"轻、重"关系表现为政府和企业都在通过结构调整寻找新的经济增长点，以实现快速发展；以后这种政策一直延续下来，并且通过出台相关产业政策来促进关键行业的发展；2006年正式废除了《中华人民共和国农业税条例》，而后以2020年实现小康社会为奋斗目标，以工业化基本实现、综合国力显著增强为核心，强调"市场对资源配置的决定性作用"与"正确发挥政府作用"的有机结合，统筹推进了各项经济建设。

21世纪以来，工业产品设计作为国家创新战略的核心，推动着"中国制造"向"中国创造"的华丽转身，抓住高质量发展的重大机遇，紧贴人民群众不断升级的消费需求，在服务于新时代经济社会发展的过程中，不断地释放着自己的能量。

---

1 武力，温锐.1949年以来中国工业化的"轻、重"之辨[J].经济研究：经济与管理科学专辑，2006(9)：46.

二、中国工业产品设计的核心任务

中国工业产品设计的任务有以下四项。它们之间并不是泾渭分明的，而是互为因果、互相融合、互相促进的关系，而且在不同的历史时期也有不同的表现特征。

1. 以设计整合先进技术

20世纪60年代以前，消化吸收苏联及东欧国家的技术是首要任务，引进的终端产品以大型装备为主。苏联及东欧国家的装备产品一般外形笨重但结实耐用，无论是作战武器还是远洋货轮、载重货车、拖拉机等产品的设计，都强调具体的实用功能。这些国家在援助中国建设项目时都提供了详细的工程图纸、制造设备，同时导入了设计、工艺、制造管理体系，建立了"总工程师""总工艺师""总会计师"的"三师"制度，培训了各个岗位的专业人员，在较短的时间里建立了设计、制造体系。苏联专家常驻国内支援各工厂，关键的工厂还由这些国家的专家担任总工程师、总工艺师。正是这样的引进和消化，为中国早年留学欧美和以后留学苏联及东欧各国的工程师改进发展大型工业装备产品奠定了扎实的基础。这些国家在以各类大型机床为代表的工作母机方面提供的技术，对中国制造、设计具有深远的影响。

在以后不同的历史阶段，中国用不同的方式从法国、英国、德国、奥地利、美国等西方国家引进了重工业装备技术和少量的终端产品，通过中国工程师对这些来自不同体系的技术的设计集成，形成了国家亟需的大型工业装备产品，同时也通过对技术原理的追溯和工程设计解决了中国工业制造的亟需。

改革开放以后，中国从自身工业发展战略的角度考量，系统地从全球引进了先进的制造装备和终端产品，同时大幅度引进新型的轻工业、电子工业制造技术体系和产品，来满足国内市场的消费需求，希望以此来完成传统轻工业制造体系的升级换代。当时的国家轻工业部率先派出所属院校的教师奔赴联邦德国、日本学习工业设计，这些教师在回国后广泛传播新的设计理念、设计思想，特别是国外企业运用设计手段提升工业产品的价值，打造企业产品乃至国家经济竞争力的案例，深深震撼了中国制造业和政府相关主管部门。在市场经济背景下，中国设计迅速跨越了国际先进制造技术、设计观念和理论、设计教育方法的引进阶段，进入设计政策研究和借鉴阶段。2010年，工业和信息化部等11个部委联合发布了《关于促进工业设计发展的若干指导意见》，标志着中国的工业产品设计迎来了历史性发展机遇。

历经回归重工业的时代，中国经济进入供给侧结构性改革的关键时期，企业、设计机构、设计师和高校积极研究当下的生活形态和需要的工业产品，同时在与制造企业合作的过程中放眼未来，积极研究、构想未来的设计趋势，为提高人民生活品质创新设计产品；在中国航空航天、深海探测器、高速铁路车辆等重工业尖端产品的设计中，创新设计为极端条件下的人机交互操作提供了解决方案，实现了重工业装备产品中操作者空间、界面的升级换代；在数字时代背景下，中国企业及设计师以高度的社会责任感与品牌意识，不断突破创新，为"中国制造"转向"中国智造"奠定了基础；更多的设计师秉持绿色、环保的理念，将可持续发展的战略落实在农村脱贫致富和新农村建设的设计中。近年来，中国创新设计的成功实践不仅在国际上赢得了许多权威性的奖项，也赢得了国际同行的尊敬。

2. 以设计保障人民生活

如果以工业化批量产品满足人民生活需求是设计的本质任务，那么自20世纪60年代开始，中国设计已义不容辞地承担了这个任务。尤其是大量与人民日常生活相关的轻工业产品，特别需要以设计来优化其品质。当年虽然是一个物资短缺的时代，但人民群众仍希望拥有能够满足个人需求的产品。

从市场拓展角度看，当时是计划经济时代，显然处于需求大于供给的物质短缺状态，但从事设计、技术的人员都明白"产品设计"不等于"美术创作"，后者可以完全依据自身的认识进行个性化创作，不需考虑买方的心态，而前者则需要考虑消费者的想法。这种现象发展到后来，在轻工业日用产品生产领域逐步形成了"驻厂员"制度，即由当时最主要的流通渠道——中国百货公司派出一名熟悉该类产品的销售人员长年驻厂。每当有新产品设计方案提出时，驻厂员都会认真参加讨论，提出建议，小批量试产后，会跟踪其销售情况，并反馈给设计人员加以改进；正式批量生产后的市场反映，也会通过驻厂员及时反馈到厂里。[1]其实，驻厂员还是计划经济的代表，其重要任务是监督厂方完成采购任务，保证厂方产品全部进入中百公司销售渠道。

改革开放以后，广东的设计最具有活力。广东在改革传统设计体制的同时，出现了服务于制造企业的专业化工业设计公司，这些公司成为中国设计发展的先驱。这种"南方设计现象"，为中国设计的发展提供了一种可以借鉴的模式。而青岛海尔集团与日本GK设计公司成立的合资设计公司，则进一步引领了中国设计的发展。二者都在支持企业制造消费者需要的优质产品方面做出了杰出的贡献。

3. 以设计塑造国家形象

表现中国特色社会主义建设成就最好的载体无疑是工业产品，在国庆节、国际博览会、商品交易会、国际贸易活动、友好国家元首礼品赠送中出现的产品都具有这个作用。这些产品均具有"中国第一

---

1 内容来自华东师范大学设计学院人员2010年采访上海轻工业系统设计师周爱华的口述，口述内容涉及20世纪70年代的产品设计、销售情况等。

次自主设计、自主制造"的背景，包括高级轿车、高级照相机、高级手表、电视机等。一直到今天，中国著名品牌的工业产品仍然在与世界各国的友好交往中发挥着重要作用。上述产品并非为了纯粹的"献礼"而设计、制造的，而是国家推动自身工业制造发展的成果，是整合中国设计与制造力量、集聚资源、互相协作、奋力攻关的结果，其中凝聚了全国各个行业专家、工人的智慧和心血，因而也是中国工业化道路上的里程碑。

4. 以设计促进对外贸易

中国缺少完整的工业产品出口以及附加值高的农业产品出口，而国家工业建设、国防建设又亟需外汇，因此出口换汇成为中央经济管理部门面临的一个严峻的问题。当时中国与苏联及东欧社会主义国家大都采用以货易货的贸易方式，对换取外汇贡献不大，因此设计承担起了提升产品品质、优化产品形象、开拓国际市场、为国家换取外汇的重任。首先从更新传统的轻工业品牌和包装设计开始，以后逐步形成了设计制度，为中国今后走上新型工业化道路做了铺垫。外贸工业产品的开发设计经过适当减配以后即可转为内销产品，其积累的技术、设计也能够为国内生产使用。

三、从工业产品设计到中国设计话语

以中国加入世界贸易组织为转折点，如果说此前的"开放"主要表现为中国向世界开放，适应世界既有规则，吸引资金、技术等要素进入中国，推动经济发展，那么此后的"开放"则更多地表现为世界对中国的开放。发展起来的中国在获得他国更大的市场和资源的同时，中国设计也必将进一步走向世界。中国设计走出国门，与世界其他国家和地区的交往不可能局限于经济层面，还必定切入政治、文化等更高层面。全世界不同文化、不同民族接受中国设计的理由是什么？当中国需要全球配置资源并动用相应手段来维护自身利益时，设计可以有什么作为？这些都需要当下的中国设计师、学者作出回答。

从战略角度来看，在新的历史条件下，作为中国对外开放和经济外交的顶层设计，共建"丝绸之路"经济带和21世纪海上"丝绸之路"的"一带一路"倡议，是把中国梦同"丝路"沿线和世界各国人民的梦想结合起来，为全球发展合作提供了创新思路，为破解全球发展难题贡献了中国智慧、中国方案，彰显了中国特色社会主义道路自信、理论自信、制度自信、文化自信，而"文化自信，是更基础、更广泛、更深厚的自信，是更基本、更深沉、更持久的力量"[1]。从战术的角度来看，中国设计话语体系必须走出"地方性"。随着中国日益深刻地融入世界，长期作为"地方性话语"的中国特色的设计以及相关话语必须升格为"全球话语"。从民族历史

---

1 中共中央宣传部.习近平新时代中国特色社会主义思想三十讲[M].北京:学习出版社，2018:194.

和当代实践中概括总结而成的中国特色设计理论和观点，是否具有对人类社会的普适性？合乎逻辑地回答这个问题，不仅具有理论意义，而且具有实践价值，这关系到中国设计能否提出自己的话语体系，能拥有多大的话语权，更直接关系到在世界上占据多大的发展空间。全球设计的话语离不开全球视野，但只有全球视野又是不够的。一个国家设计的话语权需要话语之外的支撑，那就是对全球问题提出自己的认知模型和解决方案，这也是中国当下新一代设计师的历史使命。

四、伟大的民生设计实践

在中国工业产品设计发展的过程中，与人民生活相关的产品设计始终占有重要的位置，由此形成了民生设计实践发展的重要线索。民生设计体现了中国共产党在领导国家工业化的进程中，始终坚持将保障人民生活需求、增进民生福祉作为立党为公、执政为民的本质要求。早在中国共产党第七次全国代表大会上，毛泽东主席就指出了中国实现工业化的迫切性。他指出："没有工业，便没有巩固的国防，便没有人民的福利，便没有国家的富强。"[1]1949年以前的工业基础十分薄弱，工业企业设备简陋、技术落后，只能生产少量粗加工产品和极为有限的民生产品。新中国成立以后，随着和平时期的到来，建立独立的工业体系的蓝图才逐步得以实现，设计制造工

---

1 毛泽东选集（第3卷）[M]. 北京：人民出版社，1966：1029.

业产品的理想才逐步变成现实，民生设计才能得到充分的发展。经过新中国75年特别是改革开放以来的发展，我国工业成功实现了由小到大、由弱到强的历史大跨越，使我国由一个贫穷落后的农业国成长为世界第一工业制造大国，其中一以贯之的民生设计为中华民族实现从站起来、富起来到强起来的历史飞跃做出了巨大贡献。

民生设计始终与国家总体经济发展目标以及工业化进程同步协调发展。1953年第一个五年计划的实施拉开了中国大规模工业建设的序幕，也开启了民生设计之路，到1958年许多重工业项目相继形成产品的同时，许多经典的民生产品设计也已制造完成，成为向1959年中华人民共和国成立十周年献礼的重要成果。这一批与民生密切相关的轻工业产品推向市场以后，替代了许多原先的进口产品，降低了售价，惠及了人民群众，由此形成了民生产品设计的一个高潮。

在之后较长的历史时期，民生设计立足经济、实用、美观的原则，努力扩大生产规模，提高民生产品品质，确立民生产品品牌形象，逐步打开国际市场。当国家积极在全国各地布局与民生相关的重大工业项目时，民生产品相关的制造设备、技术、工艺的引进也没有停止过脚步，中国设计师利用一切渠道了解国外设计的前沿信息，利用进口的设备、技术更新迭代已有的产品，积极设计新的民生产品，形成了中国民生产品的产品链。简言之，这不是单件产品的供给，而是一系列产品的提供。

1978年12月中共十一届三中全会召开，中国进入了改革开放的时代，走上了新型工业化发展道路，民生设计的重要性日益凸显，核心任务是通过提供优质产品，全心全意地为人民服务。具体来说就是通过设计增加产品的附加价值，提升人民的生活品质。

民生设计自身发展也经历了一个从设计、技术引进仿制，到自主设计、实现大批量生产，然后走向自主创新的过程。新中国成立初期，通过"学习引进+自主研发"模式，从设计生产廉价的生活用品，到让老百姓实现拥有"三转一响带咔嚓"的梦想，推动各种轻工业产品的升级换代，行业主管部门积极制定各种技术标准，通过行业所属工厂设计人员、技术人员的协作，对重要的民生产品实施技术攻关、设计攻关。在走上新型工业化道路之时，积极与世界先进的设计理念接轨，立足中国市场开发新的日用产品，同时通过ODM推动中国工业制造融入世界工业制造体系。2015年习近平总书记强调，要在适度扩大总需求的同时，着力加强供给侧结构性改革。一方面，中国设计师从中国传统的造物理念中汲取营养，对自然材料进行新的开发，践行绿色设计的重要探索；另一方面，在可持续发展理念的指导下，积极介入生态环境保护，以数字技术赋能设计创新，其成果受到全球的高度关注，并在全球性的设计赛事中频频夺冠。

从民生设计自身发展的过程中可以看出，由于工业产品设计中既包含重工业、军事工业、轻工业装备类产品，也包含以轻工业终端产品为代表的民生产品，因此在供给短缺的时代，依附于工业产品设计的理论、方法制造的产品可以较快地实现大批量生产，满足人民生活的基本需求。但是随着人民生活品质的提升，需要进一步满足人民生活品位时，民生设计不仅在工业产品设计中所占比例越来越大，也形成了新的方法和体系。因为工业产品是工业设计的对象，所以一般将工业设计等同于工业产品设计。但是从具体实践来看，往往强调前者顶层设计的特征，可以视作涉及国家产业政策、工业制度、创新文化、人才培养等要素配置的前导性、框架性理论；后者则要求具体立足特定的行业，综合应用科技成果和工学、美学、心理学、经济学等知识，对产品的功能、结构、形态及包装等进行整合优化的创新实践。[1]民生设计是工业产品设计中最具活力、最敏感地反映时代精神风貌、社会文化价值、地域生活特色的设计，其取得的成果不仅可以影响一个时代工业产品设计创新实践的整体价值导向，还可以进一步影响工业设计理论的更新。

民生设计的贡献和意义是，让人民群众的获得感、幸福感、安全感更加充实、更有保障、更可持续。首先，民生设计加速了让消费品从供应短缺到琳琅满目的过程，民生设计一直是中国制造提质增效的重要手段，为人民摆脱贫困、走向共同富裕做出了贡献；其

---

1 关于促进工业设计发展的若干指导意见[EB/OL].（2010-08-26）[2024-09-24].https://www.gov.cn/zwgk/2010-08/26/content_1688739.htm.

次，让中国制造的民生产品从"造不了"到"造得出"再到"造得好"；最后，党的十八大以来，党中央坚持以科技创新引领现代化产业体系建设，中国制造向"新"逐"绿"，民生设计被作为新质生产力要素而得到广泛应用。在实现跨越式增长的同时，产量领跑全球；在夯实规模优势的同时，让中国制造核心竞争力不断增强，高端化、智能化、绿色化水平显著提升。党中央强调，人民对美好生活的向往就是党的奋斗目标，让老百姓过上好日子是党一切工作的出发点和落脚点，补齐民生保障短板、解决好人民群众急难愁盼问题是社会建设的紧迫任务。

习近平总书记指出："既要创造更多物质财富和精神财富以满足人民日益增长的美好生活需要，也要提供更多优质生态产品以满足人民日益增长的优美生态环境需要。"[1]民生设计在建设富强、民主、文明、和谐、美丽的社会主义现代化国家的过程中已经被赋予了新的使命，必将在不断推动中国制造业高质量发展的过程中释放出新的能量。站在新的历史起点回首历史，我们对未来充满信心。

谨以此书向中华人民共和国75周年华诞献礼！

林晶晶

---

1 习近平在中国共产党第十九次全国代表大会上的报告[R/OL].（2010-08-26）[2024-09-24]. http://jhsjk.people.cn/article/2961 3660.

目录

第三章　　　改革开放：　　　　229
　　　　　　设计赋能

　　　　　　1979—2011年

第一章　共和国诞生：设计启航

1949—1959 年

1949年10月1日，毛泽东主席在天安门城楼上庄严宣布中华人民共和国中央人民政府成立，标志着中国人民经过长期艰苦卓绝的斗争，终于推翻了帝国主义、封建主义、官僚资本主义三座大山，实现了民族独立和人民解放的历史伟业。新中国的诞生，是中国历史进程的伟大转折，也是国家发展叙事的新篇章和新起点。

新中国成立之后，面对百废待兴的现实，国家采取了一系列方针政策，恢复经济，发展生产。1953年，毛泽东在中央政治局扩大会议上，第一次对党在过渡时期的总路线和总任务作了比较完整的表述："要在一个相当长的时期内，逐步实现国家的社会主义工业化，并逐步实现国家对农业、对手工业和对资本主义工商业的社会主义改造。"[1]这是一条社会主义

1　中国共产党简史[M].北京：人民出版社，中共党史出版社，2021:172.

改造和社会主义建设并举的总路线。1956年年底，我国基本完成了对农业、手工业、资本主义工商业的社会主义改造，标志着社会主义公有制形式在国民经济中占据着主导地位。

1955年7月，全国人大一届二次会议审议通过第一个五年计划（1953—1957年）[1]。在"一五"计划实施过程中，工业产品设计在中国现代化进程中扮演了至关重要的角色，无论是关乎国计民生的重工业产品，还是贴近日常生活的轻工业制品，都深深地烙上了特定时代背景下的独特印记，既是科技进步与生产力发展的直观反映，又是国家意志与社会理想的具象载体。

1949—1959年，中国社会各个方面建设都处于

1　中共中央文献研究室.建国以来重要文献选编（第六册）[M].北京：中央文献出版社，1993:350—493.

起步阶段，设计领域担负起塑造新中国形象、推动工业化进程以及满足人民基本生活需求的重任，其展现的崭新面貌不同于以往的设计叙事，承载了中华民族站立起来、从无到有的艰辛探索和伟大实践。保障人民生活基本需求，促进民生改善，进而维护社会稳定、摸索新中国独特的视觉文化体系，是产品设计的重中之重。

基于国家独立自主、摆脱落后局面的迫切需要，重工业在这一时期展现出了鲜明的国家战略导向特征。作为新中国成立初期的工业化战略核心，其产品设计与制造承载了国家工业化的雄心壮志。重工业设计工作主要聚焦于奠定工业化基础的核心领域，如能源、冶金、机械制造等，而苏联援助中国156个项目的建设，则为我国建立比较完整的基础工业体系和国防体系发挥了不可替代的作用，奠定了新中国工业化的基础。其中比较著名的项目有鞍山钢铁公司的大型钢厂建设、第一辆国产解放牌载重汽车的投产、第一台国产工作母机C620型普通机床的仿制成功等。此举培养了一批设计和制造专业人才，为以后推动国家工业自主化发展奠定了基础。

这一时期重工业产品设计的技术特征，表现为对世界先进工业国家既有设计模式的借鉴，从仿制并进行本土化改造，进而基于标准化、系列化的目标努力实现批量化生产，以解决当时国家建设和国防建设的燃眉之急。所以这个时期中国的重工业产品设计，特别强调有限资源高效利用的实用性设计理念，是在各种技术、设计参考资料极为稀少的情况下，凭着所有参与者的热情、胆量、智慧和无数次的失败经验创造的奇迹。

在轻工业领域，新中国成立之初，产品设计致力于满足人民生活的基本需求，促进民生改善，在设计上倾向于简洁实用、易于批量生产，以此满足全国范围内快速提升的生活物资需求。设计逐渐转向追求实用与美观相结合，体现出实用性、耐用性和大众化的特点。这个时期，在国家行业行政管理部门的推动下，其产品设计逐步规范化、标准化，力求不断进行产品的局部优化，并在一定程度上融入了中国传统元素与审美。这一时期，飞人牌缝纫机、永久牌自行车、三五牌台钟、熊猫牌收音机、上海牌手表等经典轻工业产品相继问世，不仅填补了国内市场空白，而且凭借其简洁耐用的设计赢得了广大消费者的认可。设计上融合了中国传统陶瓷工艺和现代审美、被誉为"建国瓷"的高端瓷器产品，成为展示国家形象的重要窗口。1956年投产的幸福牌120型简易相机实现了中国自产相机从无到有的飞跃。而仅仅三年后，上海牌58-2型旁轴取景照相机则完成了相机技术的初步集成，带动了相关产业向高端精密化的发展。

轻工业产品设计同样借鉴了世界先进工业国家既有的设计模式，但更加注重与中国传统工艺和现代审美相结合。在设计风格上，这一时期的轻工业产品设计往往融入强烈的时代感和民族自豪感，设计元素常常借鉴传统文化，也体现出对社会主义建设事业的热情支持，力求打造出具有鲜明时代特色和民族气息的产品形象。在资源有限和技术条件相对落后的条件下，设计师们展现出了卓越的创造力和艰苦奋斗的精神，努力使得产品设计既符合功能主义原则，又能体现民族审美和国家意志。

1949—1959年的十年，紧密围绕国家的工业化战略和社会主义建设目标展开设计实践，即重工业设计突出国家战略要求和工业化基础建设，轻工业设计则注重民生需求与产品创新。在优先发展重工业的经济发展政策下，涉及大量民生产品的轻工业发展仍然受到很大制约，虽然历经多次政策调整，在轻工业行业行政管理部门的不断呼吁下有所改善，但是距离满足提升人民生活品质的要求还较远。轻工业领域的设备来自重工业领域，在重工业没有得到充分发展之时，单纯发展轻工业是根本无法实现的。这个时期，还有一个瓶颈是成熟专业的设计人员非常缺乏，从事设计的工作人员艺术、工程等知识的融合、形成还有待时日磨炼。但无论如何，这时期的设计，在设计理念上已经开始有意识地塑造既有中国特色又能适应时代要求的工业美学体系，彰显出我国工业设计起步阶段的韧劲与智慧，为中国后来的经济发展和设计创新打下了坚实的基础，积累了宝贵的经验与财富。

1950年	双喜牌玻璃杯
1952年	飞人牌缝纫机
1954年	建国瓷
1955年	永久牌28寸自行车
1955年	C620型普通机床
1956年	幸福牌120型简易相机
1956年	三五牌台钟
1956年	解放牌CA10型载重汽车
1956年	北京牌BK540型无轨电车
1957年	熊猫牌601-1型收音机
1957年	长江牌750型三轮摩托车
1958年	巨龙型干线货运内燃机车
1958年	东方红-54型拖拉机
1958年	上海牌A-581型手表
1958年	上海牌SH58-1型三轮载重汽车
1959年	上海牌58-2型旁轴取景照相机
1959年	幸福牌XF250型两轮摩托车

双喜牌玻璃杯

父母辈最钟爱的玻璃杯是哪一款呢?

关键词:日常生活中的吉祥物

玻璃杯是日常玻璃用品中的代表。20世纪30年代,玻璃杯在款式和色彩上开始出现较大的发展。50年代,随着半机械化、机械化成型的普及,无论是在质量、产量方面,还是款式、品种方面,玻璃杯的设计生产都有了极大的突破。

在新型杯形之中,双喜牌的套杯和对杯都深受消费者喜爱。双喜牌厂方利用玻璃的吸光能力,在玻璃原料中加入着色剂,使得玻璃材质在透明中微微透出绿色、茶色等特殊色彩,为杯体增添了别致的高级感。双喜牌玻璃杯杯体透明,底部的规则造型使其色彩更加浓厚,杯体更富立体感,进一步提升了产品的整体美观性和协调性。玻璃杯杯体通常正反印有不同的图案纹样,设计师利用机械化压杯工艺让小小的杯身变成了双面"画布",通过充满美好寓意的精致图案,表达人民对新中国幸福生活的向往。例如,在透明绿色杯身上印制"保卫和平""加

紧生产"等字样，结合谷穗等符号以及"工农兵"人物形象，展现欣欣向荣的生活实感，这样的杯子通常被用来表彰、鼓励先进工作者；又如，在茶色杯身上以"喜上眉梢"为主题进行创作，杯身正反面分别印有喜鹊、梅花等传统吉祥图案，结合"囍"字样，赋予其欢欣喜庆的美好寓意，这样的对杯通常是婚嫁的必备物件。

得益于流水化的机械生产，由机器压制替代手工成型，玻璃杯实现了批量生产，并且产品标准化程度高，生产成本也进一步得到降低。双喜牌玻璃杯凭借美观大方的造型、吉祥如意的内涵、物美价廉的高性价比成为玻璃杯中的明星产品，真正走入了寻常百姓家。

飞人牌缝纫机

在过去，妈妈是怎么缝衣服的？

关键词：随身缝纫伴侣

"飞人牌"前身由阮贵耀创建于
1924 年，后转向缝纫机及其零件
的制造与生产，并改名为阮耀记缝衣机器无限公司，注册"飞人牌"
商标。新中国成立初期，阮耀记缝衣机器无限公司更名为上海第一缝
纫机制造厂，设计并制造了飞人牌缝纫机。

1952 年的飞人牌缝纫机，机身线条流畅，通体黑色，搭配上金色的图
案纹样，为缝纫机增添了现代感，与同时期的欧美同类产品有着相近
的造型、功能和装饰纹样，在国际市场上占有一席之地，是当时中国
外贸出口的重要产品之一。

图中所示机型为飞人牌桌面缝纫机，机身采用简单的手摇结构，搭配
圆润的木制外壳，在满足日常基本的缝纫需求以外，还具有外出便携
的特性，呈现出时尚、简约的整体风格。相较于专业从业人员，该款

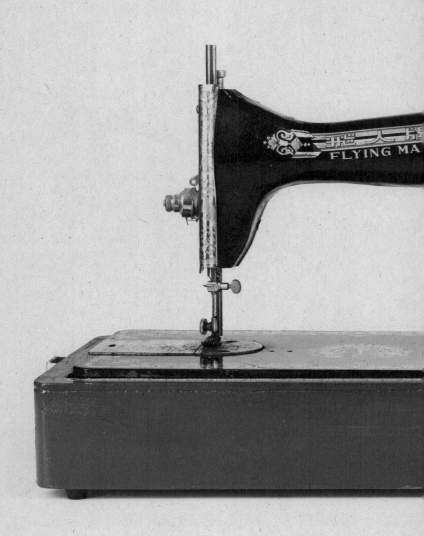

缝纫机更多是为家庭条件优渥、将缝纫作为兴趣爱好的年轻女性设计的，她们并不以缝纫为业，而是闲暇时使用缝纫机制作一些精致物什，增添生活乐趣。此外，女性以轻松驾驭这样一台复杂的缝纫机器来彰显自己的能力，凸显自己新时代女性的身份。

飞人牌还设计制造了多款专业缝纫机，与图示机型不同，它们均是以铁框为支架的立式机型。这类缝纫机的专业性较强，广受专业裁缝的喜爱。飞人牌还与日本胜家日钢株式会社合作开发了多功能电子缝纫机，此类机器具备电子显示纹样、控制机针速度及停留位置等功能。飞人牌缝纫机凭借其出色的品质成为上海名牌产品，一度弥补了蝴蝶牌缝纫机的市场份额，在国内外市场上成为畅销产品。

建国瓷

什么是建国瓷?
关键词:国宴专用

1949年新中国成立，百废待兴，各项建设事业被
逐渐提上日程。战乱导致陶瓷工业严重受损，因
此新成立的共和国国宴上遗憾地无法使用专用陶瓷餐具。对此，1952
年，郭沫若向周恩来提出，为庆祝新中国的诞生及推进中国陶瓷业的发
展，拟设计建国瓷。同年，轻工业部接到组织承制建国瓷的任务。

作为国家庆典用瓷，建国瓷的设计与质量都关系着新中国的国家形象。
为此，文化部建国瓷委员会从故宫博物院调拨了明清瓷器珍品，郑振
铎捐赠了大英博物馆的中国瓷器典藏书籍，沈从文则提供了宫廷壁纸
手绘和散点折枝花图案等资料作为设计参考资料。轻工业部委托中央
美术学院负责建国瓷设计，祝大年、高庄、庞薰琹、雷圭元等专家参
与其中。轻工业部对建国瓷的设计提出了民族形式、大众适用、科学
方法三大原则，设计工作室本着"古为今用，洋为中用"的理念，对
传统中式与西式宴会用瓷的器型、功能、纹样等资料做了大量的调研

与汇总工作。1953年，祝大年的建国瓷餐具设计方案通过评审；同年9月，第一批建国瓷在景德镇投入生产；1954年，在新中国成立五周年之际如期完成了建国瓷承制任务。建国瓷的承制任务与以往不同，它由中央政府组织全国的相关力量有目标、有计划、有组织地逐步开展，采用了审慎而严谨的评审方式，由此开启了工艺美术现代化的新阶段。在党和国家的领导下，陶瓷工业经过数十年的拼搏，实现了从集体的创作设计到整体的文化发展、从个体手工的单打独斗到全行业的分工协作。建国瓷和出国展览瓷的生产机制，为新中国陶瓷产业体系的形成和完善提供了宝贵经验。陶瓷制造被迅速应用到普通日用品领域，由此提升了陶瓷产品的总体质量，为日用陶瓷的设计发展奠定了基础。

建国瓷国宴用瓷分为中式和西式两类，采用硬质白瓷，由1300℃高温烧制而成。在器型上，中式餐具为传统正德式，西式餐具则为折边式；在装饰上，采用青花、斗彩等釉色，搭配牡丹、海棠等传统纹样。整套瓷器充分融合了传统文化和现代审美。为了保障建国瓷的产品质量，20世纪50—60年代，景德镇相继组建建国、人民、艺术、光明、新华等十家大型瓷厂，景德镇人习惯统称之为"十大瓷厂"。十大瓷厂的建立，改变了过去陶瓷行业分散落后的局面，为技术革新、实现陶瓷工业机械化创造了条件。

共和国100个经典民生设计

这一时期的瓷器生产技术，在传统工艺的基础上逐渐融入了现代工业生产方式，如采用机械化制瓷、贴花工艺等，提高了生产效率。建国瓷包括日用瓷器、艺术瓷器、礼品瓷器等多个品种，既有普通百姓使用的餐具、茶具（尤其满足了少数民族地区对于日用陶瓷产品的特殊需求），又有作为国家礼品的高端瓷器，提升了外销陶瓷产品的品质，提高了陶瓷产品的出口换汇水平。

永久牌28寸自行车

什么是"三转一响带咔嚓"的当家花旦?

关键词：自行车大国的标杆产品

19世纪中叶，自行车开始进入中国市场。1940年上海昌和制作所成立，开始自行生产自行车。新中国成立后，昌和经过产业重组及国营化改造，与新星机器厂合并为上海自行车厂。1955年，上海自行车厂推出了永久牌28寸平车，命名为标准定型的自行车，即"标定车"。1956年，该车投入生产，开启了中国自行车工业化的历程。

永久牌28寸标定车以其实用性和美观性著称，图片所示为其六七十年代量产车型。车辆整体设计强调功能美学与机械美学的和谐统一。该车车架采用三角结构，通过多个三角金属管材焊接成型，增强了车身整体的稳定性和耐用性。车身使用电镀工艺与油漆涂层，在提高产品防腐蚀性能的同时，使得车辆外观呈黑色亮面，整体造型简洁而不失精致。车身外观线条流畅均匀，车铃、尾灯、鞍座等每一个部件细节

设计都恰到好处，没有多余装饰，既满足了功能性，又增加了高级感，体现出中国自行车设计的美学内涵。

永久牌28寸标定车统一了国内自行车零部件的名称和规格，首次建立了自行车领域的国家标准，促进了自行车零部件的标准化生产，推动了整个行业的技术进步和规模化发展。其生产不仅满足了当时社会对于经济实用型交通工具的需求，而且扩大了中国自行车的品牌影响力，为细分市场需求（农村加重型、公路赛车等）和拉开消费层级（主牌、副牌等），形成合理、丰富的自行车产品系列做了铺垫，奠定了自行车在"三转一响带咔嚓"系列轻工业产品中的榜首地位。永久牌自行车的制造和生产为中国工业设计和工程技术的进步提供了宝贵的经验和启示，是中国自主创新精神的体现，具有深远的文化价值和历史意义。

C620型普通机床

工业制造的基础设备是哪一件?

关键词：工作母机

新中国成立后，我国面临着重建
国家工业基础的艰巨任务。为了
解决国内工业基础薄弱的问题，中国在苏联的帮助下计划在重点城市
建设156个工业生产项目。1955年，沈阳第一机床厂根据苏联图纸与
技术资料，成功试制了C620-1型机床，投产仅5个月，产量已经达到
2200台，在一定程度上满足了当时工业生产的基本需求。

C620型机床采用高质量金属材料制造，经过精确的加工和表面处理，
在确保产品本身耐用性与稳定性的同时，为其高精度的加工能力与稳
定高效的生产性能奠定了基础。如图所示，该型机床通体军绿色，在
色彩上与当时的工业环境和谐相融，体现了稳重与实用的工业感。机
床的精密仪表和零件布局，充分考虑了人机工程学原理，提升了操作
的便捷性和效率。产品造型圆润敦厚，边缘处的圆角设计巧妙地避免
了尖锐棱角，不仅在视觉上给人以柔和、安全的感受，更在物理上为

操作者提供了额外的保护，减少了工作中可能发生的意外伤害。敦实的机身设计，传递出一种坚如磐石的稳定感。这不仅反映了机床本身的坚固耐用，也象征着中国劳动人民脚踏实地、勤劳务实的精神。

作为新中国生产的第一台普通机床，C620型机床的投产不仅满足了国内对于高效、精确机械加工设备的迫切需求，还促进了相关产业的发展，为中国后续的工业化进程打下了坚实的基础，为民生产品的设计与制造创造了可能。它的诞生代表了中国在机械加工领域的技术进步，结束了长期以来依赖进口外国车床的历史，为民生所需的工业产品标准件生产和非标准件加工提供了保障，具有划时代的重要意义。

幸福牌120型简易相机

在数码产品还未普及的时代，
我们是如何利用光影记录生活的呢?
关键词:结构简单，快速成像

1956年，为了庆祝中国共产党成立三十五周年，天津公私合营照相机厂以原联邦德国奥蒂萨（ALTISSA）相机为仿制蓝本，生产出我国首台标准小型折叠式120照相机，并定名为"七一牌"相机。这意味着中国能够独立生产相机，在光学仪器研制等科学技术方面迈上了一个新台阶。由于七一牌相机结构复杂，生产成本较高，无法实现量产。为此，天津公私合营照相机厂重新更换设计思路，于1956年成功试制样机，命名为"幸福牌"，并投入生产。

幸福牌120型简易相机共经历了三次迭代，图片所示为第二代产品。从外观造型来看，该机型整体采用了具有突破性的箱式造型，看起来很像老式的自行车灯。考虑到整体造型的协调，相机机箱边缘做圆角处理，中和了方体的硬朗锋利感，并创新性地将长方体机箱与三角形取景器结合，线条简洁，功能突出。从整体风格来看，该机型以黑色

为主，前脸的品牌标识和图案采用白色作为突出装饰，色彩搭配对比鲜明。放射性线条与五角星的纹样呼应了向建党献礼的主题。整体而言，该机型相机造型简洁大方，使用功能清晰明确，受到了消费者的广泛喜爱。

正是因为幸福牌120型简易相机的外观造型简单朴素，内部结构清晰明确，相对于七一牌120型相机，其生产与制造难度大大降低。天津公私合营照相机厂能够有效地控制生产成本，降低销售价格，使其更容易被消费者所接受。幸福牌120型简易相机既物美价廉，又保持着较为稳定的产品质量。有意思的是，在当时一本面向摄影爱好者的《大众摄影》杂志上，大部分读者投稿的照片均使用这台相机拍摄，其中多张照片被选作封面刊登。坚固耐用的幸福牌相机帮助使用者实现了随时随地记录生活的理想，改变了必须到照相馆才能留影的唯一选择。

三五牌台钟

15天不停摆的台钟真实存在吗?

关键词:伴随生活每一刻

1940年，毛式唐、钟才章、阮顺发等人在上海创立了中国钟厂。起初钟厂的生产规模较小，但随着时间的推移，产品线不断扩大，国产时钟设计与制造的水平不断提升，使上海成为中国时钟制造的集中产地。

三五牌台钟的设计旨在满足普通家庭的需要。设计师阮顺发深知，这款产品将长期陪伴用户，成为家庭生活中的重要物品，因此在视觉形象设计上注入了大量心血。钟壳的设计简洁大方、造型干净利落，使用木材、铝材等材料，配合化学镀金银包边的玻璃钟盘盖，增强了产品的饱满感。同时，考虑到居家老人的实际使用情况，采用黑白对比分明的数字设计，时针、分针样式则采用实心尖叶造型，简洁且易于识别。在色彩方面，自然材料的色彩搭配使产品显得古朴大方，优雅而不失现代感。这种设计深入人心，成为三五牌台钟的标志性特色。

事实上，现代感的设计语言虽然广受城市家庭的喜爱，但在农村市场却受到冷遇，原因在于注重民俗的农村居民觉得木盒外壳的三五牌台钟形似骨灰盒，心生忌讳，因此避而远之。为此，三五牌台钟在不修改内部机械结构的前提下，重新设计了台钟的基座，以手工木雕的形式搭配"喜上眉梢"的主题进行纹样装饰。这种有针对性的设计方案在农村市场打开了局面，大受好评。

三五牌台钟的设计在工艺技术上取得了重大突破，实现了"活摆"结构、自动调节打点、延长走时天数和提高走时精度等突破。这些技术革新使其在市场上脱颖而出，成为广受欢迎的名牌产品。此外，三五牌台钟作为家家户户的必备用品，不仅能够指示时间，而且成为家庭生活的一部分，承载着人们的情感和回忆。三五牌台钟在中国钟表制造史上具有重要地位，为中国钟表工业的发展做出了重要贡献，被视为工业设计的经典之作。

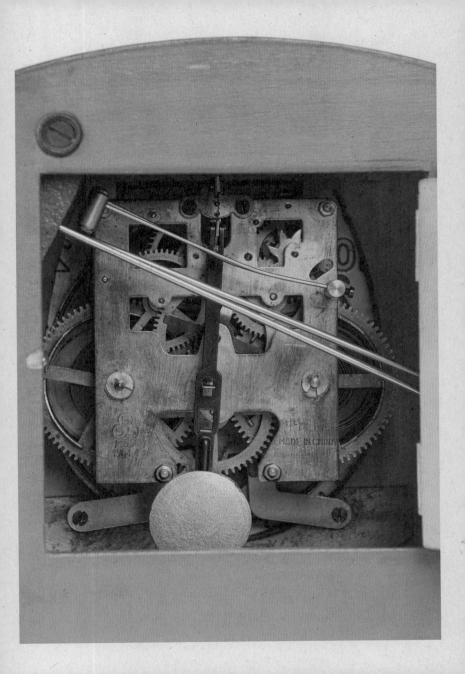

解放牌CA10型载重汽车

新中国成立之初，
哪款车是老司机的"梦中情车"？

关键词：汽车产业奠基车型

新中国成立后，面对工业基础薄弱的挑战，为了推动国家的工业发展，我国政府决定大力发展汽车工业。1953年，中苏签订了包含汽车制造厂在内的156个工业援建项目。在苏联的全面援助下，长春第一汽车制造厂（简称"一汽"）于1953年7月15日开工，标志着中国汽车工业的起步。

1956年，解放牌CA10型载重汽车试制成功。作为一汽的首款产品，它借鉴了苏联吉斯150型载重汽车的设计风格，结合中国的实际需求，打造了符合中国国情的载重汽车。该车车型采用当时流行的流线型设计，车头大方朴实，车身线条简洁，去除多余装饰，凸显功能主义。车辆的灯具、仪表盘和操纵杆均采用圆形设计，统一的设计语言与德国工业联盟时期的风格相似，在整体车身的力量感中突出柔和之美。与此同时，从该车型载货车厢装载空间的规划，到发动机舱便捷维修

的考量，无不体现了设计的人性化与前瞻性。车身以军绿色为主色调，传递出稳重可靠的信息。车头的"解放"二字金光闪闪，在正红背景色的衬托下，凸显了中国特色和时代精神。

钢板原料从联邦德国进口，制造工艺、技术和设备向苏联学习。以设计为纽带，CA10型载重汽车的研发制造过程锻炼了中国包含留学生在内的本土工程师团队的技术集成能力，逐步形成了自己的设计管理队伍。这些工程师日后都成长为中国各汽车厂的核心力量，在中国汽车工业发展的关键时刻发挥了不可替代的作用。同时，设计制造团队也逐步理解汽车设计的程序，尝试以造型设计为先导，研发新一代车型用以升级换代，满足汽车技术改进和升级的需要。

CA10型载重汽车的制造缓解了中国公路运输工具紧缺的状况，其CA10型底盘、发动机、变速箱为今后自主设计、制造城市公交车提供

了可能，从CA10型载重汽车演变而来的产品也顺理成章地成为中国特种车辆、军队越野车辆的不二选择。

解放牌CA10B型载重汽车在CA10型载重汽车的基础上进行了改良设计，着重改善了驾驶室通风和转向沉重等问题，并于1960年投入生产。CA10B型载重汽车的投产，是中国汽车工业发展过程中的一个重要里程碑。它标志着中国汽车工业结束了依赖外国的历史，加速了中国工业化建设的步伐。

北京牌BK540型无轨电车

再见，铛铛车！BK540，
你能带我去城区吗？

关键词：更新换代的城市交通工具

20世纪20年代，北京的有轨电车"铛
铛车"基本是由海外各国生产的零配
件拼凑而成的。直至新中国成立前，由于依赖国外的技术与设备，北
京的公共交通系统始终处于缓慢发展阶段。新中国成立后，为了加快
城市公共交通的发展，北京开始逐步尝试制造国产公共交通工具。

新中国成立后，北京市电车公司开始仿制法国制造的100型有轨电车，
以铁皮替代法国电车的木制车身，并安装上30kW直流牵引电动机，
国产有轨电车便这样诞生了。1956年，上海友福汽车车身制造厂支援
北京，99名来自上海的专业技术人员加入了北京公共汽车的研制团队。
同年10月，全国第一部京一型（BK540型）国产无轨电车问世，填补
了国产无轨电车生产的空白。

BK540型无轨电车的造型采用简洁而流畅的线条，体现了当时期望交

通工具功能性与美观性并重的设计理念。车身设计汲取了捷克斯洛伐克斯柯达706RO型和匈牙利伊卡鲁斯30/60型客车的设计思路，采用全金属结构。这一创新设计在当时具有开创性，不仅提升了车辆的整体性强度，而且延长了其使用寿命，同时也赋予车辆一种坚固而现代的外观质感。此外，车辆在细节处理上也展现了一定的工艺水平，如车体的焊接、涂装等，都力求达到工业制造的高标准。

作为中国第一代无轨电车，BK540型电车不仅在技术方面取得了巨大突破，在我国公交车发展史上也具有重要意义。它使用国产解放牌卡车底盘，标志着我国完全具备自主研发公交车的能力，不再依赖进口。其天蓝色车身成为那个时代北京城市文化的标志性风景，在艺术性和实用性上达到了较高的水平，是中国公共交通工业发展史上的一个重要里程碑。

熊猫牌601-1型收音机

你能看见一张憨态可掬的熊猫脸吗?
关键词：高技术量产收音机

1956年年初，毛泽东等领导人前往南京无线电厂视察，参观了国产化生产线，并给予高度评价与鼓励。在毛主席的鼓舞下，同年4月，南京无线电厂试制成功熊猫牌601型收音机。次年，首批4万台熊猫牌601型收音机进入我国港澳地区以及东南亚、南美市场，大受好评。1957年后，熊猫牌601-1、601-3G、601-4A等型号产品相继问世。

作为601型的后继产品之一，熊猫牌601-1型收音机基本沿用了601型的外观设计，南京无线电厂攻克的注塑工艺则进一步优化了产品的一体性与流畅度。收音机整体为梯形，上窄下宽，并以圆角过渡轮廓线，视觉上给人以圆润、稳定及可靠的感觉。机身被中间镀铬的装饰线分为上下两部分，其分割接近黄金比例，十分匀称。上下部分的倾斜角度制造出差异感，呈现了不同层次的立体结构，在满足美感追求的同时更强调人机工学，方便使用者查看下部面板的信息。收音机机体主要采用同一色

057

系配色，深褐色外壳、米色内壳，搭配两个圆形操作旋钮，整体形象酷似顶着两个"黑眼圈"、憨态可掬的大熊猫，外观设计完美呼应品牌名称。收音机周围的装饰线条则强调了"有声"的特点，品牌标识采用熊猫图案，与圆润简约的外形相辅相成，加深了品牌印象。扬声器部分的浅棕色与深褐色面板搭配丰盈了色彩层次；外壳的光滑胶木、扬声器的织料与面板上的金色刻字相互映衬，观其形似能闻其声，金色的音符俨然已经从扬声器中流淌出来，萦绕在听众耳边。

南京无线电厂按照最高标准生产熊猫牌601-1型收音机，采用流水线作业，优化加工工序，大大提高了生产效率。与此同时，其质量经过严格的层层检验，性能可靠优良，减少了后续的维修次数，在国内外均备受好评。这款产品在1961年荣获全国广播接收机观摩评比一等奖。

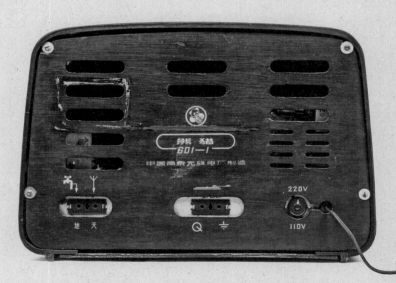

长江牌750型三轮摩托车

如何实现舒适加倍呢?

关键词: 军民两用车

新中国成立初期, 军民两用三轮摩托车是国家经济建设急需的工业产品。1956年, 中央军委后勤部向第二机械工业部提出仿制苏联乌拉尔M72型摩托车。次年, 洪都机械厂、湘江机器厂等七家单位接受了当年试制成功军民两用摩托车的政治任务。

1957年年底, 洪都机械厂拆解苏联M72型实车, 通过仿制、测绘、研制、改良, 成功装配出第一辆国产三轮摩托车, 并将其命名为长江牌750型三轮摩托车。洪都机械厂最初只制造飞机, 没有摩托车制造经验, 因此长江牌750型三轮摩托车烙印上了粗犷的大工业产品风格。从产品造型来看, 摩托车车身结构坚实、比例匀称, 在满足人机尺度的同时, 尽可能地考虑符合流线型风格。从功能角度来看, 摩托车核载三人, 左侧两人前后乘坐, 配合坐垫、脚踏、把手, 能够满足人员快速乘坐的基本需求。相比于左侧人员的跨骑姿势, 右侧边斗则更为舒适悠闲，皮制座椅柔软高端，腿部空间也更大。从整体风格来看，摩托车裸露的发动机、豪放粗犷的三角车架、水滴状的汽油箱、纤细光洁的挡泥板、镀铬张扬的大灯，以及精致小巧的后视镜，无不彰显着原始的机械之美。

1958年后，长江牌750型三轮摩托车被列入国家计划，洪都机械厂、湘江机械厂和其他分厂分别成立了摩托车制造车间和发动机分厂，并根据订货计划和工厂生产能力建立了摩托车生产线，开始大量生产摩托车，为中国摩托车工业产业奠定了基础。

巨龙型干线货运内燃机车

"多拉快跑"的动力是什么呢？

关键词：蒸汽机车的升级产品

高效的铁路运输线是一个国家发展的必要保障。新中国成立初期，在苏联的支持与帮助下，我国进行了铁路机车的设计与制造，以填补该领域的空白。为了统筹这项事业，国家把铁路机车制造业从一机部调整到铁道部，成立机车车辆管理局，实施对机车制造与修理的全面管理。

1958年，大连机车车辆工厂作为重点工厂，通过仿制苏联Тэ3型直流

电传动干线内燃机，试制成功第一台小时功率为1470千瓦的巨龙型内燃机车，将其命名为巨龙型干线货运内燃机车。机车整体外形圆润，挡风玻璃被设计得

更靠近车顶，从而形成了向上收缩的前窗造型，使其与车头融合成为一组美妙的曲线。精心设计的造型与车顶白车身红的两段式配色，使得巨龙型干线货运内燃机车在行驶过程中给人以难以言表的巨大冲击感。此外，车头设计了象征高贵与勇猛的古典盾徽造型，"中国铁路"与"展翅雄鹰"合二为一置于盾徽图案的中心，传递出"飞驰的铁路线是中国发展的引擎，它将像雄鹰的翅膀一般令祖国一飞冲天"的美好愿景。

巨龙型干线货运内燃机车是新中国第一代内燃电动机车，标志着我国从此结束了不能自行制造内燃机车的历史。此外，在巨龙型干线货运内燃机车的试制过程中，工程师将原先的英制图纸全部改成了公制，为我国后续东风系列内燃机车的发展打下了基础，成为我国铁路牵引动力内燃化的开路先锋，进一步提升了民生物资的运输效率。

东方红-54型拖拉机

农田里的铁牛，有什么样的能量呢?

关键词：与坦克通用底盘

新中国成立初期，农业机械化水平较低，严重制约了农业生产的发展。为了实现农业机械化，党中央将拖拉机制造厂作为"一五"期间的重要项目展开规划。1955年，中国第一个拖拉机厂——第一拖拉机制造厂在洛阳开工建设；1958年，第一台东方红-54型拖拉机投入生产。

东方红-54型拖拉机是第一拖拉机制造厂生产的新中国第一台大功率履带拖拉机，履带式底盘能够与坦克通用，以此来满足战时转换为坦克使用的战略。这款拖拉机的设计制造面向农用，因此造型上与坦克有所不同：机身更高，驾驶室外露，农民在使用时拥有更加开阔的视野，能提高劳作效率；机头较长，形态硬朗方正，与火车头造型类似，体现了科技感与现代感。色彩搭配上，东方红-54型拖拉机红色的机身和黑色的履带在色彩上形成鲜明对比，鲜红的主色调与品牌名遥相呼应。

东方红—54 拖拉机

在工作效率方面，它每天可耕地8公顷，是牛耕地效率的40多倍，但受履带式底盘的限制，东方红-54型拖拉机更适用于开阔平原的北方地区，而不适用于丘陵居多、土质更湿软的南方地区。在中国东北地区服役期间，东方红-54型拖拉机创造了31年没有大修的纪录，开垦了整个东北的黑土地，使荒地成为粮仓。

东方红-54型拖拉机的设计制造有着多重意义，它不仅满足了农业机械化发展的需要，还适应于在战时迅速转化为坦克生产的战略。它代表着中国拖拉机工业发展的起点，是农业机械化形象的符号。东方红-54型拖拉机已然成为创新精神的象征，引领着我国农业机械现代化的不断发展，推动着农机行业的进步。

上海牌A-581型手表

20世纪50年代，
中国人手腕上的时尚是什么?
关键词：第一款量产的细码手表

中国手表工业的发展起源于20世纪初，但直到1949年，制造工艺尚停留在机械钟上。1955年，上海市第二轻工业局与上海钟表工业同业公会等机构共同组建手表试制小组，尝试制造中国自己的手表。同年9月，首批试制品组装成功，结束了中国不能生产细码手表的历史。所谓细码，是指手表采用擒纵叉瓦式结构，该结构相对复杂，但是细码手表的使用效率更高、寿命更长。

事实上，试制成功的上海牌细码防水手表在计划生产的过程中遇到了重重困难，精度不准、误差率大、次品率高等都是需要攻克的难关。

直至1958年，奚国桢带领技术人员参照瑞士赛尔卡AS1194手表的机芯，进一步优化生产加工工艺，最终研制成功可以进行量产的、具备较高品质的上海牌A-581型手表。同年，该款手表即进入量产阶段，上海也借此逐步形成较为稳定的手表生产工业。作为第一种国产细码手表，上海牌A-581型手表力图在外观与功能上达到最佳平衡。整体设计简洁大方，采用圆形表面、不锈钢表壳，搭配精巧的针头和刻度，通过不同的表盘形状、材质以及纹样的变化，为消费者提供了更多选择，满足了不同的需求及审美偏好。此外，上海牌A-581型手表还注重内在品质和技术创新，经过多次技术改进和生产工艺提升，手表不仅具备了准确可靠的时间显示功能，还具有优异的耐用性和稳定性。

上海牌A-581型手表的诞生填补了中国手表工业的空白，为中国钟表行业的发展奠定了坚实的基础。此后，在该表型的基础上，上海牌不断推出新品，例如1959年的A-581型女士手表。此外，1962年的A623a型手表不仅能够显示时间，还具备日历及防震功能。作为中国第一款独立设计并生产制造的细码手表，上海牌A-581型手表量产总计超过100万块，是当之无愧的中华第一表。

共和国100个经典民生设计

上海牌SH58-1型三轮载重汽车

你见过在船舶码头拉货的"小精灵"吗？

关键词：走街串巷 "小精灵"

随着"一五"计划进入尾声，中国国民经济快速发展，城乡货物运输需求激增，其中小宗货物运输问题尤为突出，亟待解决。1956年，上海举办了日本工业展览会，6款三轮载重汽车在展会上展出，引起了上海有关部门的关注。同年，在上海市政府相关部门的领导支持下，各大修理厂纷纷开始参与三轮载重汽车的试制工作。

得益于三轮车小巧、灵活、便捷的特性，其在走街串巷中具有一定优势。因此，三轮载重车型的试制恰好能够解决当时短途运输的难题。虽然三轮车的造型看似简单，但是其设计难度并不亚于

一辆中型载重汽车。上海汽车装配厂参考日本同类产品，首次尝试正向设计。例如，在整车车架层面，三轮载重汽车容易侧翻，因此在设计整车车架时首先要解决稳定性问题。工厂团队在各种转弯场景中进行计算，设计了相对较长的三角形车架，并结合制动系统、轴距重心等参数，最终试制出了一辆能够安全稳定行驶的三轮载重汽车。车身采用圆弧造型，弱化了车头三角车架的尖锐感，使其视觉重心后移。车前脸的两个圆形大灯中间放置品牌标识，营造出更加小巧稳定的视觉效果。基于成本和工艺的考虑，该车型早期采用篷布制成驾驶室车顶，载货厢则使用木材搭建。随着工艺的成熟，该车型逐渐改为金属结构，并加强了驾驶室的密封性，进一步延长了车的使用寿命。

上海牌 SH58-1 型三轮载重汽车是上海汽车工业第一个从零配件制造、整车制造到批量生产都自主完成的产品，为后续汽车正向设计积累了丰富的经验。同时，它也开创了中国汽车工厂以设计为纽带、各个工厂协作制造的先河，首次确立了"主机厂"（总装厂）的概念。上海牌 SH58-1 型三轮载重汽车小巧稳定的车身，灵活轻便地穿梭于城市中狭小的巷弄之间，运送菜蔬肉禽，收集处理生活垃圾……完全适配当时大众生活的需求。同时，上海牌 SH58-1 型三轮载重汽车也大量应用于城乡交通、大型工厂、船舶码头等场所，大大减轻了短途物流交换的负担。

上海牌58-2型旁轴取景照相机

是什么样的设计让高端摄影玩家钟情至今?

关键词：现代主义造就的高端产品

随着新中国经济建设
的快速发展，人民群
众对生活品质提升的需求日益增长。为了更进一步完成中国制造业全面
发展的规划目标，1957年9月，上海成立专门的照相机试制小组，由上
海钟表眼镜公司（上海照相机厂前身）承担相机试制任务。次年，上海
牌58-1型照相机试制成功，随后试制小组进一步改良设计，使该机型得
以量产，并定名为上海牌58-2型照相机，并于1959年正式投入生产。

上海牌58-2型旁轴取景照相机的定位是高端相机产品。为此，设计师
游开瑧曾多次调查研究欧洲同类相机，最终选中徕卡Ⅲb型135旁轴照
相机作为范本进行研发。因此，该机型拥有功能追随形式的现代设计
风格。上海牌58-2型照相机外壳除去功能模块，各角度都呈圆角矩形
状，简洁而圆润，这是基于技术集成的考虑，有利于功能模块的叠加。
照相机以铝材为基本材料，机身下部以硫化橡胶装饰，卷片旋钮、对

焦口、光圈及快门旋钮等功能模块则采用金属滚花工艺，拼接材料的考量反映出我国在材料技术研究上的进步。铝材的运用减轻了产品的重量；硫化橡胶的使用利于握持，同时可减少手印，便于清洁；金属滚花工艺增加了摩擦力，以便精确操作。除了高度技术集成的造型设计和材料运用，上海牌58-2型照相机采用典雅黑和摩登银搭配，凸显出产品整体的高级质感。

1959年，上海牌58-2型照相机正式投入生产。作为向十周年国庆献礼的工业产品，它以纯粹简约的几何造型、现代技术集成工艺，成就了照相机本身独树一帜的产品语言，让更多的中国摄影爱好者体验到了高端照相机的美妙。该相机的成功试制及量产使得中国照相机在生产工艺、制造技术与产品成本之间取得了相对平衡，为后续同类产品向高端转化积累了丰富的经验。

幸福牌XF250型两轮摩托车

如何体验加速的幸福和快乐？

关键词：重要部门的重要装备

1951年，我国诞生了第一辆自主研制的井冈山牌摩托车，但是由于工厂隶属关系的改变，该品牌于四年后被迫终止。为了解决军用摩托车的生产问题，1956年，上海数十家摩托车修理行合并改组，1958年成立上海摩托车厂，开始生产闪电牌750型两轮摩托车。遗憾的是，第二年该厂将重点转移至农用机器的生产与制造，摩托车研发又陷入停滞。最终，上海自行车二厂于1959年主动申请承担军用摩托车的试制任务，开启了中国制造摩托车的历史进程。

为了证明轻工业系统可以完成摩托车的试制任务，上海自行车二厂在短短一周内完成了5辆可以发动行驶一二公里的"争气车"。此后，在航空工业部下属洪都机械厂的帮助下，上海自行车二厂获得了捷克斯洛伐克JAWA250型摩托车全套图纸。通过重绘、校对、整理，并依据现有生产条件与能力，设计师重新设计并改良了幸福牌XF250型两轮摩托车。组装的5辆样品车均顺利通过了产品的各项性能测试，因此被取名"幸福牌"。在各大媒体的竞相报道下，幸福牌XF250型两轮摩托车逐渐进入大众视野。由于上海自行车二厂的试制初心是研制军用摩托车，于是中国人民解放军总后勤部对幸福牌XF250型两轮摩托车进行了各类军用级别的鉴定与试验。1963年，幸福牌XF250型摩托车经过论证，正式成为军品车。

该车型采用U形车架，包裹圆形油箱，搭配圆柱形排气管，整体造型简洁大方。整车零部件紧密围绕车架，座椅与整车骨架完美融合，强调整体感。产品设计考虑了军事、民用及比赛用途，发动机具有大功率输出优势，结构和造型适应复杂地形，车辆具有良好的载重能力和爬坡性能。车身上的镀铬大灯、转向指示箭头、钢管车把、圆形油箱等细节，无不体现了设计者在功能与使用体验上的考虑，也在一定程度上展示了上海自行车二厂优良的生产工艺。

幸福牌XF250型两轮摩托车不仅在性能上领先同类产品，还开创了国产摩托车与国外产品同场竞技的先例，推动了中国摩托车体育运动的发展。该车型作为中国第一款投入军队使用的摩托车，不仅能够为部队提供可靠的服务，同时也成为不可或缺的民用交通工具，在农业生产、邮政服务等领域广泛使用。

第二章

社会主义建设：

设计探索

1960—1978年

1959年，中华人民共和国成立十周年。随着社会主义改造的完成、社会主义基本制度的确立，新中国进入了一段长达十数年的"社会主义建设探索时期"。这是中国共产党领导全国人民在探索适合中国国情的社会主义建设道路过程中所经历的一段重要历史时期。

这一时期，中国共产党试图依据马克思列宁主义基本原理，结合中国具体国情，探索一条适合中国特色的社会主义现代化建设道路。1956年召开的中国共产党第八次全国代表大会，对当时国内的主要矛盾作出了科学分析，并提出了党和国家的主要任务是集中力量发展生产力，实现国家的社会主义工业化，逐步满足人民日益增长的物质和文化需要。党的八大的召开，标志着党对中国社会主义建设的探索取得初步成果。

十数年间，在整个探索过程中，既有正确的理论建设和实践成就，也有因对社会主义建设规律认识不足、急于求成等原因造成的严重失误。在此期间，党和政府实施了一系列五年计划，在工业、农业、科技等领域取得了显著成就，如新兴工业部门的建立与发展、"两弹一星"的成功研制等。这一时期，虽然探索社会主义道路遭遇曲折，但社会主义建设还是大力推动了国家工业化进程，建立起了相对完整的工业体系，为后续中国的改革开放和现代化建设提供了宝贵的经验教训，为此后中国特色社会主义道路的形成和发展奠定了坚实的基础。

1960—1978年，中国工业产品设计的发展历程与社会主义建设的探索紧密相连，嵌入国家工业化和社会主义建设的宏大叙事之中，呈现出独特的时代特色和发展轨迹。

在技术引进和消化吸收方面，20世纪60年代以前，中国工业产品设计的主要任务是整合引进苏联及东欧国家的技术，如重型机械、船舶、汽车、飞机等装备制造领域的核心技术，通过学习苏联的工业化经验和管理模式，建立起较为完整的基础工业体系，初步具备自主研发和制造的能力；尽管设计上往往借鉴国外成熟产品，但在实际操作中也开始有意识地兼顾中国的国情和需求。

20世纪60年代开始，我国持续面临严峻的国内外形势。在这样的背景下，在技术封锁的不利局面下，党和政府鼓励工业产品设计生产的自主创新、产业链的健全以及工业技术布局向三线的转移与扩散。工业产品设计作为基础产业链的重要一环，是提升产品竞争力的重要手段，受到了国家的高度重视。

在民生方面，产品设计经由自主创新，有意识地配合社会主义建设理念，努力提升人民生活水平，满足人民群众更高层次的生活需求。

在这一时期，中国的工业产品设计开始从模仿苏联等国家的设计逐渐转向具有中国特色的自主创新。设计师们不仅需要注重产品的实用性和耐用性，注重产品的技术性能和生产效率，还需要为可能的技术集成升级，在设计思路上预留空间，体现出特定时代背景下社会主义建设的理念和精神。

这一时期，出现了许多具有代表性和影响力的工业产品。

1965年定型的北京牌BJ212轻型越野车，是在中苏关系恶化的背景下，由中央军委决定以北京汽车制造厂为基地生产的作为通用型战术指挥车的新中国第一代吉普车。

作为国家形象的代表，1966年正式投入生产的红旗牌CA770型高级轿车的设计和制造体现了中国在汽车工业设计上的成就，证明了中国有能力独立设计相当水平的高级轿车。红旗轿车所包含的自力更生、奋发图强、赶超世界先进水平的精神，增强了中国人的自信心与自豪感。

1969年，上海牌SH380型32吨矿用自卸车总装成功，这是新中国成立以来我国自行设计制造的第一辆矿用32吨自卸载重汽车。该车由上海汽车制造厂生产，协作单位涵盖全国169家工厂和科研机构，充分展示了当时中国在汽车设计、制造和配套技术上的整体水平。该车型的定型生产为中国日后大规模生产大型矿用自卸载重汽车奠定了坚实基础。

1975年，上海汽车制造厂形成年产5000台上海牌SH760A型中级轿车的能力，使该车成为中国第一款规模化生产的轿车。从投产到20世纪80年代初，上海牌轿车是普通公务用车，成为机关、企事业单位和国宾接待的主力车型。在当年，吃"大白兔"，戴"上海表"，坐"上海车"，是上海时尚生活的象征。

在轻工业领域，1960年生产的钟声牌L601型磁带录音机，作为广播录音的专用设备，不仅满足了专业领域的技术需求，也体现了当时中国在音频技术领域的发展水平。钻石牌秒表则是当时科研和体育赛事中的重要工具，它的出现反映出我国在精密计时领域的技术突破。

"国民牙膏"美加净诞生于1962年。作为一支铝管洗涤型牙膏，在牙膏产品配方和膏体质量上，厂家认真分析了国际市场上单氟牙膏存在的不足，研制出我国第一支双氟牙膏，并采用了铝管包装材料和新型的洗涤型发泡原料。此外，产品包装设计也与国际接轨，以"美"和"净"为主题的牙膏包装有着便于辨认和流传的外文商标MAXAM，字体不仅独特，而且无论从左到右还是从右到左，字母排列次序都是相同的。这些设计上的努力和创新，使得中国牙膏从此打入了国际市场。

到20世纪70年代中期，中国工业制造企业不同程度地完成了一次技术设备升级改造，以适应提升产品品质的需求；同时组织技术攻关，克服了一大批产品制造中的难点，也发现了多年来一成不变的产品与当时人民的生活要求已产生很大差距。以上海华生电扇为代表的老品牌产品率先进行了设计更新。以企业或行业技术骨干为主，结合学校的力量着重进行手表、自行车、缝纫机、收音机、照相机的设计。这五大产品俗称"三转一响带咔嚓",拥有这些商品是当时老百姓的梦想。

1960—1978年的中国工业产品设计,在社会主义建设的大背景下,通过不断地探索和实践,逐步形成了具有中国特色的设计风格。这一时期的设计作品,在技术上实现了突破和创新,在艺术性和文化性上展现了独特的魅力。

1960—1978年间,中国工业产品设计在极其特殊的社会环境下,展现出了顽强的生命力和独特的创造力。虽然设计风格受到历史条件限制,没有全面而充分地融入国际潮流,且在美学与功能多样性上尚有局限,但这一阶段的产品设计仍有力地支撑了国家的基础建设和民生需求,既体现了在有限资源和技术条件下的创新与突破,又见证了从依赖技术引进到主动创新的转变,以及从满足基本生活需求到提升生活质量的设计目标变化,孕育了一批具有本土特色的品牌和产品。

同时，这个时期的工业设计也为改革开放后的现代化转型积累了宝贵经验，奠定了坚实基础。随着中国经济和社会环境的变迁，特别是改革开放后市场经济的建立和全球化进程的加速，中国工业产品设计逐步走向多元化、个性化和国际化，但这段历史所沉淀下来的精神财富——坚韧不拔的自主创新精神和以人为本的设计理念，依然在新的时代背景下熠熠生辉。

1960年	东风号万吨远洋轮
1960年	钟声牌L601型磁带录音机
1961年	飞鱼牌手摇计算机
1962年	美加净牙膏
1962年	英雄牌100型金笔
1963年	钻石牌秒表
1963年	兰州工字牌搪瓷面盆
1964年	白猫牌洗衣粉包装
1964年	上海牌163-7型收音机
1965年	北京牌BJ212轻型越野车
1965年	跃进牌NJ230型轻型越野载货车
1965年	小熊拍照铁皮玩具
1966年	东风牌ST5A型手表
1966年	红旗牌CA770型高级轿车
1966年	东风型内燃机车
1969年	上海牌SH380型32吨矿用自卸车
20世纪60年代	北京牌825-3型电视接收机
20世纪60年代	"万寿无疆"系列陶瓷餐具
1972年	钻石牌多功能闹钟
1973年	英雄牌71A型工业绘图笔
1974年	华生牌JA50型电风扇
1974年	牡丹牌2241型收音机
1974年	上海牌SH760A型中级轿车
1976年	三角牌搪瓷多格食篮
1978年	蓓蕾牌15键小钢琴
1978年	飞乐牌265-8型收音机
1978年	东风牌EQ140型载重汽车
20世纪70年代	雪山牌大口保温瓶
20世纪70年代	青花玲珑咖啡壶系列
20世纪70年代	宇宙电视船铁皮玩具
20世纪70年代	金水四合壶

东风号万吨远洋轮

万吨级远洋轮是如何实现下海的?

关键词：中国第一艘自主设计与制造的大型轮船

1958 年年初，江南造船厂获

批万吨级远洋轮的设计与制

造项目，这是国家科学发展十年规划的重点项目之一。江南造船厂前

身为江南机器制造总局，是清末洋务运动中成立的近代军事工业生产

机构。凭借其丰富的设备制造经验，江南造船厂仅用三个半月就完成

了远洋轮的施工设计图纸，并于1960年实现下水。

东风号万吨远洋轮以宏伟的船体造型和精湛的造船工艺而著称。其设计

深受德国船舶设计影响，在注重功能需求及合理性设计的同时，也注意

整体的美观。该船体线条流畅，船首尖锐，有助于切割波浪，提高航行

效率；船体大面积采用浅色涂漆，不仅有助于反射阳光，减少船体吸收

的热量，还能在视觉上使船体更加醒目；船体上醒目的船名以及船舶的

注册编号也能提高海上的可见度。在材料结构上，东风号万吨远洋轮采

用了船用高强度低合金钢材，在节约材料的同时提高轮船的荷载量。

东风号万吨远洋轮作为中国第一艘自行设计与制造的大型轮船，基于江南造船厂丰富的制造经验，创造了高速度设计大型船舶的纪录。即便如此，在船舶的制作过程中也遇到了重重困难。在放样过程中，由于模型过大，只能在缩小比例的同时采用多线型活络样板，提高放样效率。在装配过程中，通过对比苏联与大连造船厂的装配方式，采用后者的三岛式建造法，分三路同时施工，加快装配速度。此外，还创新了吊装定位方法，提升了装配效率。正因如此，仅用时两年时间，万吨级远洋轮便得以制造完成并实现下水，进一步解决了民生物资远程仓储与运送的问题。

钟声牌L601型磁带录音机

在遥远的边疆，
也能听到来自中央的声音吗？

关键词：专业广播录音收音设备

1951年，上海钟声电工社研制了中
国第一台钢丝录音机，两年后又成
功研制了磁带录音机，并逐渐将录音技术引入国内。为了解决录音不
均衡及质量较差的问题，上海录音器材厂对录音技术不断地进行改进
与创新，最终于1960年成功研制钟声牌L601型磁带录音机，该机型于
1963年10月通过生产定型。

钟声牌L601型磁带录音机主要供应农村地区以及工矿企业、部队和文
化教育事业等单位，是一款便携式专业型录音机。因此，该录音机对
产品性能及外观造型都有着较高的要求。在实用性方面，钟声牌L601
型磁带录音机采用磁性录音技术，产品能够以更清晰的音质准确地记
录声音。此外，该机型还采用了磁头改良设计，使用完整的磁性圈作
为磁头，使录音过程更加稳定、均衡，避免了以往使用金属指针带来
的录音不均衡现象。除技术创新之外，钟声牌L601型磁带录音机的外

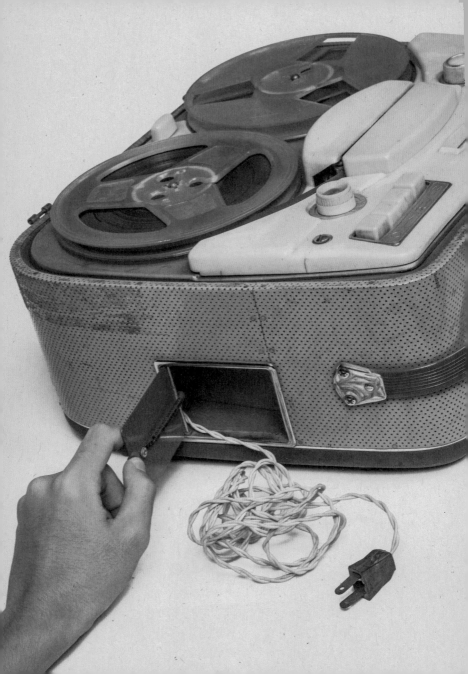

观设计也十分突出。产品整体为上窄下宽的圆润梯形，产品外圈布满整齐的微型孔洞，除极具形式美感之外，还给人一种吸音性能专业可靠的感受。产品正脸为主要功能区域，该机型兼具录放音功能，却巧妙地以对称的形式将相反的功能以相似的造型进行布局，仅以左右手作业空间来区分功能，对于专业人士而言，操作起来非常方便。与此同时，作为专业录音机，该机型选择了更加中性柔和的色彩，以便更和谐地融入不同的使用场景。

钟声牌L601型磁带录音机的技术创新为录音质量的提升和录音过程的稳定打下了坚实基础，适用于文教广播、港口调度、救护战备等不同场景，具有广泛的应用价值，同时也为各行各业的工作提供了便利。它不仅是一款优秀的录音设备，更是一项具有重要历史意义和广泛影响的科技产品。

飞鱼牌手摇计算机

你知道"两弹一星"背后
默默无闻的英雄物品吗?
关键词:科研必备利器

20 世纪 50—60 年代，中国正处于工
业特别是国防工业发展的关键时期。
为了加快中国科技发展的步伐，科研人员迫切需要一种辅助计算工具
来进行复杂的数学运算，加速科研计算的进程。手摇计算机的出现为
无法进行大型电子计算机运算的场合提供了一种替代方案。

20 世纪 60 年代，"文化""飞鱼"和"通用"是中国三大常见手摇计
算机品牌，被称为"三驾马车"。飞鱼牌因其产量最大，且在"两弹一
星"中发挥了关键作用而声名鹊起。飞鱼牌手摇计算机由上海计算机
打字机厂制造，机身采用大面积灰色金属材质，造型简洁、布局清晰，
整体设计低调大方。计算机机身中间为数值输入区，搭配黑白两色数
字键盘，使得操作界面清晰直观。机身上方为报数器，用于显示运算
次数和运算结果，报数器右侧加入手柄，方便摇动清零。机身左下方
为报数器移位摇手，顺时针可完成向右进位，逆时针则可完成向左退

位。图片所示的飞鱼牌计算机为电动手摇计算机，通过机身最右端的计算旋钮可进行电动和手摇两种方式操作。从设计角度看，飞鱼牌手摇计算机在满足实用性的同时，也不失为一件工业艺术品。

飞鱼牌手摇计算机在中国科技发展史上扮演着重要的角色。作为科研人员的必备工具，它不仅提高了工作效率，缩短了研究周期，还展示了中国在面对技术封锁和国际压力时的自主创新能力。飞鱼牌手摇计算机的设计和应用推动了中国工业设计和制造工艺的发展，激发了国人的科技自信心和民族自豪感，成为中国科技进步和自主创新的象征。

美加净牙膏

玉兰花的美丽与洁净，如何造就了美加净？

关键词：出口创汇主力产品

20世纪60年代以前，

中国出口的牙膏主要

是铅锡管肥皂型牙膏。此类牙膏质量不稳定，且由于包装粗糙、印刷质量差等问题，导致售后反馈不佳，不仅影响我国的国际声誉，经常性的退赔也使得国家在外贸交易上受到损失。为了提升产品的质量，上海市食品日化工业公司以出口创汇为目标，决定由顾世朋负责美术设计组工作开发新产品。1962年，中国化学工业社（上海牙膏厂前身）推出了美加净牙膏。这是国内首支铝管洗涤剂型高级牙膏。

上海市食品日化工业公司决定集中力量发展美加净、蓓蕾、天鹅、海鸥、芳芳五个新品牌。由顾世朋负责带领美术工作组进行商标、包装设计并提出工作规划，在日化行业中逐渐形成了美术设计人员必须参与，工艺、制造、销售等人员相互合作的工作机制。1962年，美加净牙膏正式投产，首次以MAXAM的品牌名出口至中国香港和东南亚地

113

区。其产品不仅改进了洗涤剂型铝管包装，更在外观包装上有所创新。英文品牌名 MAXAM 采用对称的形式，顾世朋对每个字母进行了精细的设计，在细节上做出调整，使得字母排列更具节奏感。此外，色彩运用上，以唇红齿白为灵感，美加净牙膏包装以红色为主色调，红白相间，产品因此更具视觉冲击力与吸引力，同时也赋予了产品更高的品牌识别度。

也正因如此，美加净牙膏首次出口便在国际市场上迅速树立了品牌形象，当年出口量即达到几十万支，成为高露洁牙膏的竞争对手，迅速扩大了出口市场。到 90 年代，已经远销美国、英国、加拿大、新加坡等 40 多个国家和地区，年出口额在 1400 多万美元，出口量占全国牙膏出口总量的 70%。其间，美加净牙膏从产品到包装，历经了多次迭代。70 年代还推出了复合材料软管包装，进一步提升了其质量与使用体验。美加净牙膏的成功不仅为中国牙膏行业带来了新的发展机遇，也彰显了中国工业设计的创新能力和国际竞争力。它代表了中国工业产品向国际市场迈出的重要一步，为中国的出口换汇做出了重要贡献。

FAMILY SIZE

MAXAM
DENTAL CREAM

美加净牙膏

New MAXAM DENTAL CREAM

115

英雄牌100型金笔

为什么称英雄100为"暗尖老大"？

关键词：赶超国际大牌

1931年，周荆庭与人合股创办华孚金笔厂（英雄金笔厂前身），最初推出新民牌、学士牌、华孚牌等商标。由于周荆庭眼光独到、经验丰富，在他的领导下，华孚牌金笔逐渐成为物美价廉的国货名品。1958年，华孚金笔厂为了赶超派克笔，试制出金笔"100英雄"，1962年在此基础上将原先的12k金笔升级为纯度更高的14k金笔，命名为"英雄100"。

英雄牌100型金笔，造型美观新颖，构造精密，外表主要由笔尖、笔套和帽尾构成。该笔尖、笔舌都被尖套覆盖，又被称为"鹦鹉头笔"。笔尖用黄金的合金冲制而成，在笔尖的顶端，点焊着铱粒，使得书写流畅，书写手感中还带有一丝弹性。笔套由不锈钢材质制成，搭配细长的笔夹，在满足实用性的同时给人一种干练、专业的感觉。该笔帽尾内置弹簧圈、回气管和吸水器，因此，帽尾采用高级塑料，除了可以

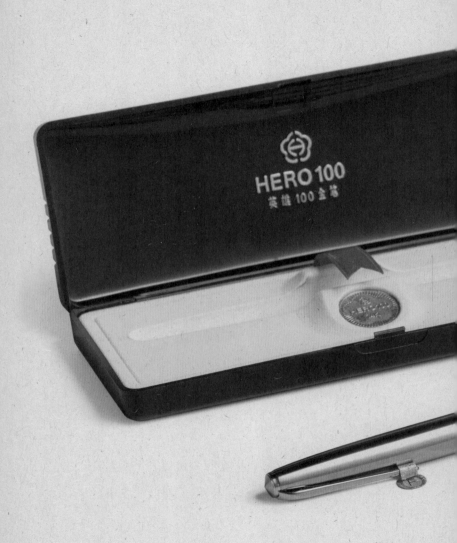

满足色彩变化外，重要的是其质量不易受气候影响，冷热不变不缩。英雄牌100型金笔造型优雅、质量稳定，是一款可以赶超派克笔的高级金笔。1964年经过改良后定型，一直生产至今，是一款经典产品。

金笔虽然只是小小一支，但是它的零部件达20余种。事实上，制笔工业是小厂多、配件多、协作面广的行业。因此，1956年起，上海众多制笔厂进行产业改革、配套重组、调整布局。两年后，上海市制笔业基本实现了生产门类齐全的专业化协作配套。此外，笔厂因生产设备优化，生产工艺提升，劳动生产率提高，部分工厂和多余劳动力转向仪表、钟表、电视等行业。

钻石牌秒表

你知道中国第一块秒表是什么样的吗?

关键词: 体育科研专用

20世纪30年代,上海钟表产业蓬勃发展。1932年,顾海珍、顾德安父子于上海创立德安时钟制造厂(上海金声制钟厂、上海钻石手表厂前身),后毁于战火。此后,顾德安与他人合股创立金声工业社。1939年开始生产以钻石牌为主的多个品牌产品。新中国成立后,家庭、工厂、部队等对手表的需求量急剧增加,钟表产业得到空前发展。然而,在科研、军事、航天、体育等领域,能够用于专业计时的仪表产品依旧有所欠缺。

1959年,上海金声制钟厂成功试制机械秒表,1963年开始选用"钻石牌"的名称进行量产。相对于钟表类产品的风格设计,钻石牌秒表更加注重产品的功能性。秒表直径55毫米,金属外壳设计简洁,表盘为超白色,刻度采用黑色等线体,以强烈的对比和直观的字体保证使用者能够清晰、正确地判读数据。同时,设计者也考虑了手持秒表的舒

适度，圆润的造型、小巧的尺寸使其能够被用户轻松抓握。位于拇指下方的发条旋钮粗细适中，细条纹增加了摩擦力，为手指的持握、按压提供了良好的着力点。与常规秒表表面不同的是，该秒表具备双指针的结构，外圈为秒数，品牌标识上方为分钟数，让用户的视线优先关注计秒。

钻石牌秒表不仅体现了制造实践与市场经验的积累，更融合了人机工学原理，注重产品的实用性与用户体验。作为钟表行业的重要代表之一，上海金声制钟厂与各大钟厂在设计上不断创新，推出了多款经典产品，如长三针音乐闹钟、NJ型统一机芯闹钟等。这些设计不仅提高了产品的功能性和实用性，更为上海钟表产业的发展做出了重要贡献。同时，钻石牌秒表在设计上的成功也为中国钟表行业树立了良好的品牌形象，赢得了国内外市场的认可和信赖。

兰州工字牌搪瓷面盆

1963 年

小小的脸盆里，凝聚了怎样满满的祝愿呢？

关键词：上海技术转移

搪瓷，是在金属坯胎表面涂以琅浆，经过高温熔融烧结而形成的一种制品。20世纪20—30年代，民族搪瓷工业形成于上海。新中国成立初期，为了国家经济布局的合理化，中共中央提出中央工业与地方工业共同发展的策略。为此，上海将部分工厂与行业外迁，以支援地方工业的建设。1956年，上海将相对成熟的搪瓷、胶鞋和热水瓶等厂迁至兰州，积极帮助兰州日用品产业长期发展。1957年勤丰搪瓷厂就迅速投入生产，1958年实行公私合营，工字牌是其名下响当当的品牌。

搪瓷产品是当时老百姓日常生活中的必需品，脸盆、口杯、茶缸、盘子，甚至是痰盂，都由搪瓷制成。搪瓷产品种类繁多，仅面盆就有平边、卷边、标准、得胜、翻口、深形面盆等种类，规格多达6种。图片所示为兰州搪瓷厂工字牌深形面盆，深形面盆是在标准面盆及得胜

面盆的基础上发展出的器型。其边窄而直，盆身高，底部大小和盆身相差无几，容水量较大，在翻口处喷上一圈淡粉色。受中国传统国画风格影响，面盆正中为石榴主题的装饰纹样。石榴常被人们视为多子的祥瑞之果，剥开石榴，籽露出来，即为"榴开百子"，寓意多子多福。面盆中一对鸟儿立于枝头，嘴中叼着石榴籽，与石榴的花、果、枝、叶形成层次分明的构图。在绿叶荫荫中，燃出一片火红的花朵，在鲜艳的鸟儿身后晕染开一片湖蓝。绿色的石榴纹作为辅助纹样，文于深形面盆的外侧，形成一种独特的二方连续花边纹样，与面盆内侧的石榴文化主题交相辉映。面盆的整体装饰纹样寄托了人们对美好、红火的日子，对家庭人丁兴旺、绵延不断的向往。

搪瓷产品不仅造型朴实大方，纹样精致美观，而且易于清洗、简单实用。当时有一句流行语，"瓷盆瓷盘瓷口缸，结婚送礼面子光"，说明了搪瓷产品在人们心目中的地位。

白猫牌洗衣粉包装

白猫是怎么走进千家万户的呢?

关键词: 拎着回家的洗衣粉

新中国成立初期, 由于工业生产限制, 还没有出现洗衣粉, 人们通常使用肥皂来清洗衣物。直到1958年, 中国才试制成功第一款合成洗衣粉, 将其定名为"工农牌"。在计划经济时期, 工农牌洗衣粉不仅要服务于中国市场, 更承担着出口创汇的重要任务。于是, 工农牌洗衣粉以"白猫牌"的身份进军国际市场。

1964年推出的白猫牌洗衣粉的包装设计简明易辨识, 圆形的白猫标志中, 以蓝色为底, 给人一种科技感强、技术可靠的感觉, 搭配上可爱的白色猫咪图案, 以日常生

活的氛围让用户更有亲切感。白色便携的洗衣粉袋上印着醒目的红色环带，不仅能够突出英文字体，还能营造一种洗衣效果柔顺舒适的感受。White Cat的英文字体，与西方标志一致，采用首字母放大处理的方式搭配不同的色彩，让字母更具节奏感。除视觉设计以外，白猫牌洗衣粉包装在功能性方面也极具创新，设计者在塑料包装的上端加入提环，方便使用者提取抓握，在有限的生产成本条件下极大地提升了使用感受。后续的生产过程考虑降低成本，也推出了取消拉手的简化版包装，供消费者自由选择。

在四色油墨印刷技术的限制下，上海食品日化公司以极强的形式感与实用性推出白猫牌洗衣粉，彰显了中国在轻工业领域的创新设计能力与实力。该产品一经推出便受到广大人民群众的喜爱，成为千家万户日常生活的必需品。白猫牌洗衣粉包装不断创新，紧跟时代潮流，一定程度上可以反映出不同时期大众的审美变化和需求更迭，反映了传统国货的迭代之路。

上海牌163-7型收音机

为什么这款收音机还能保留Shanghai字样?

关键词: 上海走向世界

1952年, 华东人民广

播器材厂成立, 1955

年更名为国营上海广播器材厂。短短几年时间内, 该厂就成为国内收音机、扩音设备、喇叭等最主要的生产厂家。20世纪50年代的收音机产业, 承担着两大主要任务: 对内, 提高收音机质量, 丰富我国人民的文娱生活; 对外, 打开国际市场, 出口产品置换外汇。为此, 1958年, 国营上海广播器材厂推出我国正式发布的第一台一级收音机, 定名为上海牌131型收音机。该机型凭借大气的外观和优秀的性能, 一经上市便获得消费者的广泛喜爱。

自此以后, 上海牌产品一直保留着131型的基本特征。正如1964年面市的163-7型收音机, 机体保留木制外壳, 但采用直线条勾勒轮廓, 上窄下宽的设计在富有节奏的同时又不失稳重可靠。主要的功能区位于下方, 整体布局采用对称形式, 双旋钮进行功能操作。产品以深棕色

为主；在上方区域以大面积烟花图案进行装饰，以此凸显上海牌特有的琴键式按钮和上海牌拼音标识。事实上，20世纪60年代，国家已明确规定不得以地方区域名命名品牌。但是上海牌收音机是一个例外。作为重要出口产品，"上海"字样就是品质的象征。因此，上海牌收音机依旧保留了区域名称，并且在醒目的位置以高光切削工艺打造Shanghai字样，使其更具立体感和高级感。

上海牌自创立以来，一直注重技术的积累与创新，其产品品种、产量、质量均处于国内前列，产品闻名于世，畅销国内外，为我国工业建设和外汇创收做出了巨大贡献。

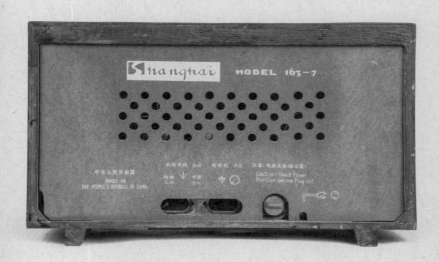

北京牌BJ212轻型越野车

中国神车长什么样?

关键词：底盘通用的战术指挥车

20世纪50年代，中国军队战术指挥车辆主要依赖进口。1961年1月，经国防科委批准，确定由北京汽车制造厂负责研制轻型越野车。经过两轮研制，1965年，BJ212型越野车正式定型生产。

北京牌BJ212轻型越野车以苏联和美国对应车型为原型，在保证战地功能性的同时，将造型调整得更加符合中国人的审美。作为一款高性能战术指挥车，整体造型设计坚实硬派，线条非"横"即"竖"，富有冲击力。车体布局紧凑，五门格局，搭配可拆卸式软顶，后车门可打开，下方配有行李箱，功能齐全而灵活。前脸采用横栅格搭配两个圆形照明灯，更具亲和力，引擎盖做加强筋设计，强调力量感，车头整体柔中带刚。色彩运用上考虑野战的实际需求，采用哑光绿来降低被侦察发现的风险。北京牌BJ212轻型越野车底盘设计具有强通用性，可用于其他车型。基于该汽车底盘，后续设计研发出多款品牌商用汽车，统领中国小型汽车领域近30年。

北京牌BJ212轻型越野车定型生产之后的30年间，我国装备轻型越野车的军队逐步完成独立配置，其应用领域也稳步拓展，由列装部队走向民间，甚至众多企业、学校都配备了该车型。越野车经典的绿色配色始终被使用者所追捧，成为一种令人自豪的存在。

跃进牌NJ230型轻型越野载货车

轻型载货车的鼻祖是谁?

关键词: 军民两用轻型汽车

1957年，南京汽车制配厂（南京汽车制造厂、跃进汽车集团前身）以苏联嘎斯51型汽车为原型，遵循"以制造发动机为主，与专业厂相结合，采取广泛协作，组织汽车生产"的方针，从研究仿制070型发动机入手，在一机部汽车局的支持下进行专业化协作，组织配套生产。次年3月，第一辆NJ130型2.5吨载重汽车试制成功，经一机部命名为"跃进牌"。此后，南京汽车制配厂以同样的方法试制成功了多款简易轻型载重汽车。

南京汽车制配厂还基于NJ130型的试制经验，从苏联进口部分零件，从一汽引进成熟技术，经过数年的努力，NJ230型越野汽车于1965年正式投产。作为一辆军用新型越野载货车，车身采用军绿色涂装，前脸发动机舱盖略呈斜势，为鳄口式开启，长方形平面上紧密排列着七孔长条状的散热栅格，极其醒目且富有特色。相较之下，圆润的前挡泥板和大灯使整车的机械感趋于柔和，使其更加亲民。在跃进牌

NJ230型汽车设计与制造的过程中，南汽人逐渐意识到必须要摆脱满足于制造简易型汽车的设计思想，只有从正向的设计路径，配套化的协作生产、专业性的技术人才出发，才能缔造一件完整的工业产品。

得益于NJ230型汽车的设计与制作经验，1968年时，南京汽车制配厂对NJ130型汽车进行再次改良，专攻汽车关键部位，通过多年的持续改进，成功研制了经典的070型发动机，并以此为基础开发出系列产品，广泛应用于军事、工业、农业等领域。

小熊拍照铁皮玩具

"咔嚓"一声，我们一起来拍照吧！

关键词：一代人的铁皮玩具

20世纪初，中国近代玩具工业逐渐形成。1934年，康元制罐厂设立康元玩具部，后逐渐称之为"康元玩具厂"。作为铁皮玩具的领军企业，康元玩具厂生产玩具规模最大、种类最多、影响面最广。1958年，轻工业部将玩具制造业列为上海市重点发展行业之一，此举促进了玩具制造业的迅速发展与壮大。20世纪60年代，为了完善产业的生产配套，上海玩具行业加大投资，调整、建立了相关印刷厂、模具厂、磁钢厂等产业，进行专业协作生产。

1965年，金属玩具生产销售盛极一时。康元玩具厂推出千余种产品，其中小熊拍照玩具最为出名。小熊拍照玩具是一款可以旋转走路的金属发条玩具，形态可爱，色彩活泼。小熊的身体由两块铁皮冲压而成，因此必然会出现一条合模线，设计者利用造型优势，将其美化为裤缝形态。但是合模线如果出现在小脸上则会破坏美感，因此，小熊的头

部采用搪塑工艺，即使用空心软质塑料一体成型。作为小熊的头部，搪塑材料的优势还体现在可以在表面绘制图案，让小熊的表情更加生动可爱。此外，还采用了布艺工艺进行连接，使得小熊的手部可以灵活地完成拍照动作。得益于完善的协作生产机制，憨态可掬的小熊造型得以实现。小熊身着鲜艳的红色朝阳格西装背心，搭配领结、衬衫和蓝色裤子，俨然一个报社记者，造型十分惹人喜爱，与其复杂的机械结构相映成趣。该设计充分考虑了儿童的玩耍方式，小熊会不停地走动，不时停下，举起相机拍照，照相机的闪光灯也会随之闪一下，十分逼真，为孩子们带来了真实和有趣的体验。

20世纪60年代，康元玩具厂推出的铁皮玩具不仅富有娱乐性与趣味性，更是集机械工艺、制造技术与美学设计于一身的经典之作。同时期，康元玩具厂陆续推出母鸡下蛋、欢乐小弟、三轮摩托车等经典作品。其推出的数百种出口玩具产品，帮助中国拓宽了轻工业产品的出口渠道，为中国玩具出口外销做出了重大的贡献。

东风牌ST5A型手表

"东风万里"如何乘风破浪?

关键词: 手表融入百姓日常生活

东风牌手表的历史最早可追溯至1953年。当时,天津的公私钟表厂共同合作研制手表。1955年,毛泽东批准投资成立了天津手表厂,推出的产品被命名为"东风牌"。由于品质可靠、质量过硬,东风牌手表赢得了"东风万里"的美誉。1975年,为了支持国家出口创汇,东风牌手表以"海鸥牌"之名出口,中国手表正式迈入国际市场。

东风牌手表的设计源自现代主义风格,早期产品以简约实用为主。东风牌ST5A型手表于1966年推出,其表盘设计较为简洁,以银白平面为基调,鲍鱼壳式的表壳设计配以标志性的红色秒针点缀,使产品在朴素中显现出独特的个性。产品底盖的浮雕设计以抽象的线条勾勒出海浪、天空和东风的图案,为产品增添了艺术气息、强化了品牌标识。东风牌手表整体造型饱满、线条流畅,展现了现代工业产品的高级质感和美感。在工艺技术方面,东风牌手表不断追求创新,通过自主研

149

发和技术攻关，解决了诸如游丝质量、防磁游丝和高防震性能等难题，产品质量得到国内外客户的高度认可，为中国手表业赢得了国际声誉。

东风牌手表是中国手表行业发展的象征与标志，它的问世开拓了中国手表行业高速发展的新局面。与其他品牌不同，东风牌始终坚持自主创新，以自主核心技术支撑机芯制造，支持品牌发展，为中国的钟表行业做出了表率。此后，东风牌手表以天津手表厂为主体不断进行企业改革，成为中华老字号企业，天津亦逐步成为中国手表产业的重要基地。

红旗牌CA770型高级轿车

外国元首访华的重要活动安排：
见毛主席、乘红旗车、进中南海

关键词：国家接待第一车

20世纪50年代，苏联援建中国的156个工业项目中并没有轿车项目。当时，我国在重大外事活动中使用的三排座轿车均为苏制吉斯110、115。随着中苏关系的变化，汽车产品更新配件来源成为问题，中央领导开始思考并着手组织三排座汽车的自主设计工作。1957年，长春第一汽车制造厂开始探索轿车的制造和设计，1958年造出样车，取名为东风牌轿车。同年，长春一汽按图纸制造完成了首台红旗牌两排座样车，以后被定为红旗牌CA72型，并于1960年3月参加民主

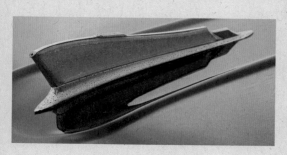

德国莱比锡国际博览会，引发西方媒体强烈关注。直到1964年，CA72型轿车一直作为一款高规格的国宾接待车使用。

红旗轿车设计团队在1965年得到扩容，工程师、设计师、工艺师中不乏来自美国、德国、苏联的留学生，技术工人团队则来自祖国各地，其中来自上海的技术工人经验最丰富。1966年，重新设计的红旗牌三排座轿车试制完成，标志着中国开启了自己设计、制造高级轿车的历史，此车型被定名为红旗牌CA770型。轿车采用了当时世界先进的框架车架，力求最小化外形尺寸，以提高轿车机动性能。前悬挂为独立结构，增加前稳定杆，采用加宽的后弹簧，提高舒适性，制动系统为两套空气油压式结构，保证在一套失效的情况下还能安全制动。此外，设计了前后排分体空调、电动调节姿态后排座椅。

红旗牌770型车身造型设计的特征十分明显：其一是显性部分，即车头上的红旗、车身前部两侧的三面红旗和车尾毛泽东手书的"红旗"二字以及拼音组合形成的品牌标识；其二是隐性部分，整体车身的造型融入了中国明式红木家具线脚的造型特征，并结合空气动力学原理，使之富有动感和整体感。经过一系列设计要素的精炼，整个产品既具有中国传统的民族风格，又能够体现世界高级轿车的主流风格。在局部的设计上，前脸是直瀑式造型，前大灯、转向灯、雾灯、尾灯等布置设计逻辑十分有序，有机地镶嵌在车身上，其中的尾灯还采用了天安门上宫灯的造型，独具识别度。车身色彩早期采用黑色、深红、深蓝等色彩，还尝试过白色、银色，后来统一为黑色。在内饰设计方面，驾驶台及许多地方采用了手工精加工的原木作内饰，突出年轮的天然纹样，还尝试过用传统的福建大漆工艺、景泰蓝工艺、浙江织锦材料

作点缀，也曾经尝试使用小牛皮、红木等材料作装饰。车内的地毯可以根据来宾或者使用车辆的国家领导人的个人喜好更换铺设。

红旗牌轿车深受外国元首的喜爱，"见毛主席、乘红旗车、进中南海"是当时外国元首访华的重要活动安排。1972年，时任美国总统尼克松访华时，周恩来总理率领了由红旗牌轿车和上海牌轿车组成的车队前往机场迎接；1997年，时任法国总统希拉克访华，特别提出要坐红旗牌轿车。此外，红旗牌770型高级轿车被国际汽车界归类在高级豪华轿车之列，并被收录在《世界轿车年鉴》之中，世界著名汽车设计师乔治亚罗将其誉为"东方艺术与汽车技术结合的典范"。基于红旗牌770型高级轿车设计的检阅车更是被历届国家领导人使用，并被作为国礼赠送给友好国家元首。

东风型内燃机车

谁是国民经济大动脉上的牵引者?

关键词：货运明星

随着国民经济的快速发展，生产力的不断跃升，对铁路牵引动力提出了新的要求。1965 年，我国进入自行设计和研制第二代内燃机车的新阶段。基于初代巨龙型内燃机车，大连机车车辆厂制成了 ND 型内燃机车。1966 年，ND 型内燃机车改称为东风型内燃机车。

相较于早期的巨龙型机车，东风型并没有延续其整体造型，而是采用国际上流行的简约形式，使其更为刚劲沉稳。考虑到后续机车的批量化生产，简约的设计风格更适合对产品部件进行标准化制定。此外，车头细节被强化，加入人性化理念。比如：在车头加入踏板，便于在简陋的环境中进行维修；柴油机两侧有足够宽敞的通道，以便乘务人员通行以及日常维护、检修；车头折角处两侧开窗扩大了驾驶室可视范围；司机室配备了良好的隔音、绝热、通风设备，为乘务人员提供了良好的工作环境。

为满足铁路运输需求，减少对外国技术的依赖，1965年，大连机车车辆厂转产东风内燃机车，它使用柴油发动机作为动力来源，替代了传统的蒸汽机，这标志着中国铁路技术的一大进步。此后，东风系列陆续推出了东风3型、东风4型等型号的内燃机车。自量产以来，该系列机车已在中国多个铁路局担任客货运输任务，为民生物资的运输提供了重要的保障。

上海牌SH380型32吨矿用自卸车

你见过轮胎比人还高的汽车吗?

关键词：矿山开发机械设备

1968年10月，上海汽车制造厂接到上海市机电一局下达的32吨矿用自卸载重汽车试制任务。同年12月，该厂试制小组选定苏联贝勒斯27吨矿用载重汽车为原型进行试制设计。历时7个多月，在全国超百家相关单位的支持下，次年9月，第一辆上海牌SH380型32吨矿用自卸车总装成功。

为了更好地适应矿区复杂的工地情况，上海牌SH380型32吨矿用自卸车以其硬朗的线条造型、紧凑的结构来保障矿用自卸车的安全、坚固与耐用。该车车身采

共和国100个经典民生设计

用钢材制造，表面采用深绿色涂层，使自卸车在抵御矿区尘土、碎石和化学物质侵蚀的同时有较高的可辨识度。SH380型矿用自卸车采用V型12缸400匹马力柴油发动机，在崎岖的道路上也能保持强劲的动力。车体配置四套制动装置，以确保该重型装备在恶劣条件下能够安全作业。此外，车内搭载的油气悬挂和液力变扭器等一系列先进结构与技术，不仅满足了矿用自卸车的使用要求，也在一定程度上减轻了驾驶员的劳动强度。

上海牌SH380型32吨矿用自卸车是国家大力开发矿山所需的机械设备，也是我国自行设计和制造的第一批矿用32吨自卸汽车。上海汽车制造厂接到任务时，手边没有任何参考资料，但是他们不畏困难，对相关的结构与技术进行不懈探索与研究，最终从设计到制造成功，只用了半年多时间。这是我国汽车工业史上的一个创举，也为后续的自卸车衍生型号提供了非常宝贵的经验。

北京牌825-3型电视接收机

小小的木框里,
真的能搜索到来自北京的画面吗?

关键词:第一台35厘米电子管黑白电视机

1958年7月,上海广播器材厂研制出上海牌101型电子管电视机。随后几年,国内几家企业对电视机持续改进,陆续推出了几款迭代产品。其中,国营天津无线电厂设计研发的825型系列电视机性能稳定,尤其受到使用者的欢迎。

北京牌825-3型电视接收机是国营天津无线电厂参照苏联旗帜牌14英寸电子管电视机,结合当时国内的生产情况,对其进行改良设计。当时的电视机是高端产品,主要供应政府机关、企事业单位,因此国营天津无限电厂需考虑如何在不改变机芯结构的情况下,通过电视机机身外壳的局部设计来实现电视机造型外观与功能需求的统一。北京牌825-3型电视接收机主体造型为长方体,采用印制自然木纹的塑料贴面。这种设计既保留了木制产品的高级感,又呈现了塑料制品的技术感。为了更和谐地融入办公环境,该机型采用了深棕色作为主色调,

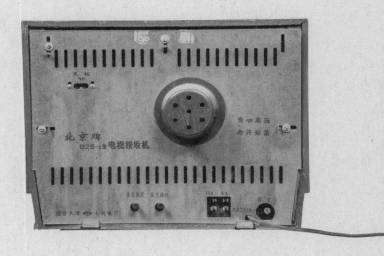

在机身正下方搭配浅棕色的控制面板，不失稳重大气的同时凸显旋钮的功能细节，面板正中则以红色来强调品牌标识和机器型号。

作为35厘米电子管黑白电视机，北京牌825-3型电视接收机的试制成功为中国电视机产业奠定了基础。该机型上下比例控制得当，功能分区明确——机身上端为显示屏幕，下端为控制旋钮，右侧为扬声器。这种上屏下钮右喇叭的格局在很长一段时间里影响了中国14英寸以上电视机的界面设计。

共和国100个经典民生设计

"万寿无疆" 系列陶瓷餐具

日常餐具如何被观赏?
关键词:出口、内销皆宜

粉彩瓷器素有"东方艺术明珠"的美称。

不同于青花的釉下彩工艺,粉彩是一种

釉上彩,即在已经烧成的坯体釉面进行色彩装饰后再度烧制而成的瓷器。新中国成立以后,粉彩瓷飞速发展,诞生了上千种新画面、新图案。粉彩瓷在构图、形象、技法上均受传统国画的影响,借助画面装饰,结合工艺造型,使得粉彩瓷器谐调匀称,更具表现力,也更加具有实用性。

"万寿无疆"系列陶瓷餐具是景德镇于20世纪50—60年代生产的粉彩餐具,其灵感来源于清朝的珐琅彩"万寿长春"餐具。粉彩的基本彩料与五彩大致相同,只是粉彩的颜色品种更多。粉彩的颜色由于掺入了铅粉而显得更加淡雅,同时,烧制温度降低至750℃、颜色成分的不同、工艺改革等因素,让粉彩在画面效果和艺术风格上也更加粉润柔和。粉彩瓷器在绘画装饰过程中有许多部分用玻璃白打底,然后以各

种色彩渲染，从而使得色彩带有粉化的层次感。用料的不同则导致画面高低起伏，表面图形在光线下有了凹凸的感觉，产生了立体感。

"万寿无疆"粉彩系列共分三个色系：红万寿、黄万寿、绿万寿。虽然是日用粉彩陶瓷餐具，但它在设计取材上依旧强调借物寓意，注重彩头，整体蕴含了吉祥美好的寓意。"万寿无疆"系列餐具以万寿图案为主，配以洋莲。整体采用满地装饰的手法，即瓷器上全部画满、填满，不留白胎。以红万寿为例，四个白色圆斗方上写"万""寿""无""疆"四个红色大字，在红色满地装饰上则绘有白色洋莲图案并带有"遍富"寓意的蝙蝠形象，配以遍地形式的卷草纹。瓷器有一圈黄色边缘，其上方以二方连续的方式绘有方回单体型回纹，纹样质朴简约，具有富贵不断头的吉祥寓意。

"万寿无疆"系列餐具采用了和谐淡雅的色彩搭配、满地装饰的重工工艺，提高了整个系列的精致度，为普通的日用瓷器带来了更高的观赏价值。该系列除了日常餐具外，还包括锅具、奶盅等西式器型，远销多个国家和地区，后由出口转内销，一经面市，便受到国内消费者一致好评。

钻石牌多功能闹钟

是收音机，还是闹钟呢？

关键词：出口创汇产品

1939 年，金声工业社（上海钻石手表厂前身），推出钻石牌产品。新中国成立以后，上海钻石手表厂常年致力于设计制造需要精确计时的机械型秒表。正因如此，上海钻石手表厂始终注重产品功能的逻辑性和可读性。20 世纪 60—70 年代，上海钻石手表厂推出了一系列多功能闹钟产品。

钻石牌多功能闹钟以其简练的现代风格著称，形式追随功能，产品强调实用性与可靠性。多功能是钻石牌闹钟的一大特色，如一款具有闹钟与收音机两种功能的产品，闹钟的铃声可以通过收音机的扬声器播放，既实现了技术上的集成，又兼顾了产品的实用性和美观性。钻石牌多功能闹钟的设计不仅满足了用户的基本需求，还通过精心的布局和视觉引导，使产品外观更加吸引人。例如，外观采用接近 1:2 的高度与长度比例，钟盘刻度采用特殊视觉设计，共同突出了产品的节奏感。此外，钻石牌闹钟在多功能设计方面也有着出色的表现。通过统一的

设计语言和协调的功能布局，实现了多种功能的有机结合，避免了视觉混乱和功能冲突。

钻石牌多功能闹钟凭借精心设计和细致考虑，赢得了国家级的殊荣和市场的广泛认可。1987—1990 年，钻石牌多功能闹钟累计出口 5200 万只，创汇 1.52 亿美元，展现出了其在国际市场上的巨大影响力与竞争力。

英雄牌71A型工业绘图笔

设计师是如何将设计理念呈现出来的呢?

关键词：必备精密绘图工具

工业绘图笔又称"针管绘
图笔"，是描图、画线、
画图等的专用工具。20世纪70年代以前，我国在制图方面的工具以传
统鸭嘴笔为主，无法满足高精度绘图需求。1973年，上海英雄金笔厂成
功研发并生产了国内第一套工业绘图笔，即英雄牌71A-3型工业绘图笔。
此后，英雄牌在此基础上不断改进，形成了品种、规格更为丰富的71A
型系列产品。

初代英雄牌71A-3型工业绘图笔的外观简洁大方，以黑色为主色调，在
笔帽和笔套衔接处以色彩进行笔型区分。该系列针管笔有0.3毫米、
0.6毫米、0.9毫米三种粗细规格，并配备软性塑料外壳包装，增加了
制图工作中的精细度。在后续研发中，针管笔的品种与规格细分越来
越多，形成了系列化。直到1983年，英雄牌发展出5个品种、10种规
格的系列绘图笔。例如，71A-6型工业绘图笔，每套3支，形似台笔，

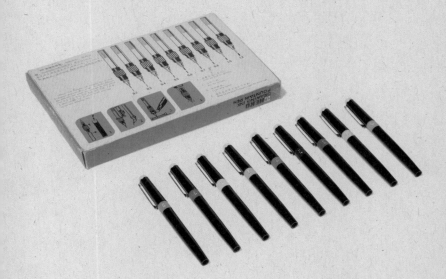

并且配备有6档笔头，可按需更替，体现了模块化的设计思维，不仅方便收纳与使用，也节省了生产成本；71A-11型是一种多功能组合绘图笔，不仅考虑到笔头的多规格，还考虑到了整个制图工作中的系统流程，配备了7种绘图仪器，增加了产品的专业性。图中所示的是使用最为广泛的71A型工业绘图笔。1985年，英雄牌设计生产了独立包装的0.13毫米、0.18毫米两档高级绘图笔，其各项指标基本与德国施德楼同类产品持平。1987年，英雄牌推出英雄-法伯86A型高级针管系列绘图笔，该笔能够实现粗细分档。自此，英雄牌绘图笔已跃升至国际一流水平行列。

英雄牌71A型工业绘图笔兼具功能性与美观性，作为国内的第一批精密绘图工具，它不仅满足了专业人士对制图精密度的要求，还提升了绘图工作的效率。此外，通过实现量产替代进口产品，工程与设计相关专业的学生可以轻松用上一流的绘图工具。

共和国100个经典民生设计

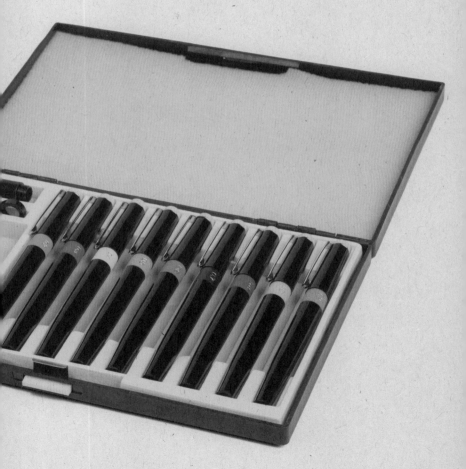

华生牌JA50型电风扇

凉爽的风，从哪里来?

关键词: 原型机上的设计迭代

1973年，华生电扇厂联合轻工业专科技术
学校美术系吴祖慈共同设计研发了FTS型
台式电风扇。该款台扇在推出后迅速开拓了国际市场，受到广泛好评，
为华生电风扇的国际化发展奠定了坚实的基础。

作为FTS型的后继型号，华生牌JA50型电风扇致力于在造型上有所突
破，更加注重产品外形的流畅性和有机感，进一步颠覆了传统设计。
该机型舍弃了原有的铸铁圆锥形底座，改为长方形结构，搭配铝合金
的装饰面板，表面有抛光及喷砂工艺相间的线条装饰，显得十分简洁
轻盈。迭代机型网罩采用了三维立体设计，增加金属条密度，表面镀
镍，使其整体造型更加圆润饱满。网罩内置短而肥的三片扇叶。在底
座上方，设置了琴键式功能开关。整体而言，该款电风扇造型清新典
雅、简单大方。整体设计以天蓝色为主色调，配以电镀银色和部分金
色，展现出强烈的现代感和清凉感。

20世纪70年代，中国工业设计正经历着现代主义设计思潮的冲击，以类比式反超的理念实现了一件件工业产品的突破。此外，成熟的网罩电镀自动生产流水线技术，使其轻便、饱满的造型得以实现。因此，华生牌JA50型电风扇展现出与老华生截然不同的产品形态。华生牌电风扇成功经由香港打入国际市场，成为80年代国内电风扇热销的典范，被众多同类产品仿效，对中国同类产品设计产生了深远影响。

牡丹牌2241型收音机

从北京饭店能传出来自全球各地的声音吗?

关键词: 外宾专用

1972年, 随着美国总统尼克松访华, 中国与国际的交流变得频繁, 人员往来也日益增多。20世纪70年代, 北京无线电厂组成设计小组, 确定了牡丹牌2241型调频调幅全波段台式一级收音机的设计方案。自此, 在中国生活的外籍人士能够方便收听来自家乡的声音, 旅居途中也能感受到家一样的温暖。

牡丹牌2241型收音机, 整体以金属镀铬承重框架搭配深色贴皮木框, 造型简约大气。正面以流畅的横线条为主, 营造出一种扁平而舒展的视觉效果。该机型具有调频波段功能, 功能分区令使用更加直观便捷。机型正面左侧为横向镀铬格栅的扬声器, 下方为金属旋钮, 右侧则为频道调整区域, 旋钮开关搭配象牙白色钢琴按键, 更显精致与高端。打开产品上盖, 可见世界地图及国际时钟, 方便用户操作使用。主扬声器位于面板左上方; 高音扬声器位于其同轴线前段, 形成低音扩大的效果；中音扬声器分别位于机箱两侧，并饰以直线条的塑料镀铬格栅，达到了高低音能够灵敏入耳的效果，同时降低了侧面视觉的厚重感。该机型全机采用金属配件，作为核心部位的机芯不仅结实耐用，且设计十分复杂。该机芯采用了高质量的电器元件和先进的电路设计，具有长波、中波、短波功能；首次采用调频技术，设置了调频波段，可收到全世界广播电台的节目。材质上，该收音机巧妙地融合了传统与现代元素。金属材质的正面与木制机身的结合，形成了一种独特的对比效果。暗红色的胡桃木不仅象征着中国的传统元素，更赋予了产品一种温暖而典雅的气质。

通过不遗余力地设计与制造，牡丹牌2241型收音机以其高超的设计标准、优良的产品性能，展现了国家先进的生产力，彰显了中国的新形象，成为一个时代的标志性产品。

上海牌SH760A型中级轿车

计划经济时代唯一量产的轿车是哪一种?

关键词：国宾及领导人用车

1956 年，上海汽车工业
开始起步。通过不断地
调整产业布局、扩大生产规模、增强产品配套制造能力，自1960年起，上海开始组织生产整台车型。但在早期阶段，上海汽车装配条件艰苦，生产能力相对落后。即便如此，上海汽车装配厂仍以奔驰220S型汽车为原型，土法上马，攻克重重技术困难，最终完成试制任务，上海牌轿车面市。

1974 年，上海汽车制造厂基于用户反馈，决定对 SH760 型轿车进行改良与迭代，定名为上海牌 SH760A 型轿车。设计团队对车身造型进行了风格的转换。首先，

08-0001

将车头发动机盖和后备厢盖的造型进行扁平化处理，使得车身整体线条更加平直流畅。其次，将正脸的冠形装饰改为横条进气格栅，前后转向灯改为组合式，造型由圆变方，这既考虑到了部件的标准化生产，又在视觉上起到了横向延展的作用；增大车身的前挡风玻璃面积，拓宽视野的同时增加了防眩目效果，让行驶更加安全稳定。最后，取消了车身两侧靠前部位的一条象征前轮罩的装饰弧线，取而代之的是一条前后贯穿的直线型镀铬线条，视觉上更加流畅，还在一定程度上起到了拉长车身视觉效果的作用。整体而言，上海牌轿车在设计迭代的过程中更加注重审美表达，强调功能至上，更符合现代潮流风格。

事实上，早在20世纪60年代上海牌SH760型轿车的设计过程中，设计团队便同步衍生设计了上海牌检阅车。作为上海牌SH760A型轿车的前身，上海牌检阅车的设计是一次概念性的探索。设计师团队在设计中融入现代理念，以功能至上、批量生产为目标，最终打造出了上海牌SH760A型轿车。通过对细节的把控、生产成本的控制，上海牌SH760A型轿车成为计划经济时期唯一实现批量生产的汽车，总计生产了77041辆；也因此使得上海汽车装配厂成为中国唯一一家在合资转产前依然大量盈利的汽车制造企业。

三角牌搪瓷多格食篮

20世纪70年代工人们的带饭神器是什么?

关键词: 大量出口及内销产品

20世纪70年代, 上海搪瓷业从市场需求出发, 调整传统产品结构, 提高产品质量。多格食篮就是在这个时候兴起的新型搪瓷产品类型, 是国家非常重要的出口产品之一。

搪瓷多格食篮一般由外层铁制框架和多层搪瓷食物容器组成, 其灵感来源于古代传统食盒的式样。三角牌搪瓷多格食篮的容器为碗状, 在底部轧有一圈环形箍, 在保障容器强度的同时与容器开口处契合, 实现了多层容器堆叠放置。叠加的碗状容器可以满足主食与各种菜肴的分开存放, 以防串味。容器的装饰通常为内白外彩, 内部喷上纯白色, 外部则喷上浅色作为底色, 再配以各种主题的贴花图案。一般情况下, 四季各种花卉及山水风景等具有生活气息的图案更受消费者青睐。图示多格食篮以奶黄色为底色, 外部绘制花卉纹饰图案。碗状容器有镂空的双耳造型, 以便金属框架环绕固定。铁制金属框架除了两侧的长

钩型外，在中上部还置有双C造型的固定部件，进一步确保容器吻合放置、不易散落。框架的顶部是一节木制把手，中粗外细的线条保障了使用者提取食篮时的舒适度，将双C造型的固定部件翻转90°，就可以将食物容器逐个取出。

三角牌搪瓷多格食篮整体造型简单大方且经济实用，容器轻便且易于清洗，因此风靡一时。尤其是当时许多小型工厂没有食堂，工厂职工们长年累月地用多格食篮携带午餐是最为常见的现象。

蓓蕾牌15键小钢琴

迷你钢琴也能弹奏出动人乐章吗？

关键词：音乐普及教育

玩具，是儿童成长过程中必不可少的物件之一。在过去，中国的儿童玩具常常就地取材，以简单的生产制作流程满足儿童的玩耍需求。20世纪初，西方不断推出外观新颖、功能独特的儿童玩具。为了丰富玩具品类，一批具有留学背景的企业家纷纷在上海创办近代玩具工厂。20世纪60年代起，儿童玩具生产合作社转为地方国营厂，开始发展专业化协作生产。其中，上海玩具八厂以木制玩具作为主要生产方向。

在上海木制玩具不断发展且形成规模之后，六面画、积木、木钢琴等木制玩具便开始出口，远销海外国家及地区。1978年上海玩具八厂推出的蓓蕾牌15键小钢琴就是出口玩具产品之一。事实上，早在1935年卫生工业社便成功试制出8音小钢琴。此后上海木制玩具行业不断推出不同品类的小钢琴玩具，在20世纪70年代末期形成系列产品。蓓蕾

牌15键小钢琴的外壳以木头制造，表面饰以蓝色环保烤漆，以达到国际玩具行业标准。其发声原理模拟真实钢琴，以榔槌敲击琴键发出声音。琴键上方标有数字音符，以指示不同音阶。设计者努力调整声音效果，减小不同音阶之间的声音差异，使其音质效果更加均匀、清脆、悦耳。此后，木制钢琴产品几经迭代，还衍生出了钢琴与木琴结合的版本，既可以弹奏琴键，又能敲击木琴，可玩性更高，受众群体更广。80年代，随着塑料在玩具领域普及，塑料外壳的玩具钢琴开始出现，更加轻巧便携，不仅发声原理得以优化，而且音色上有区别，声音共鸣也更加好听。

20世纪30年代，在中国著名学前教育专家陈鹤琴的引领下，众多专业人士开始设计、生产并制作启发智力、寓教于乐的新型幼教玩具。在这样的背景下，木制小钢琴以其小巧玲珑的形式，让孩子们在玩耍过程中逐渐理解音乐的概念，更好地帮助他们探索音乐世界。

飞乐牌265-8型收音机

1978
年

大众收音机也可以很优雅吗?

关键词: 电子管过渡至半导体

新中国成立以后，上海民族无线电
制造业得以恢复。1960年，上海收
音机制造业整合资源，调整生产策略，上海无线电二厂改制完成，主
要推出飞乐牌和红灯牌收音机。此时的收音机仍以电子管为主。为了
提高产品市场份额，飞乐牌开始设计并制作晶体管收音机，飞乐2J型
系列晶体管收音机就此诞生。此后，飞乐牌一直在技术上不断积累，
也寻求在设计方面的突破。1978年，飞乐牌推出265-8型收音机，成
为具有平直表面设计风格的代表性产品。

飞乐牌265-8型收音机以其简约的长方体造型和精心布局的前面板，展
现了上海无线电二厂对实用美学的追求。产品的外观采用了木质外壳，
前面板保留原木色，边框饰以深褐色，深浅颜色的强烈对比赋予产品
较强的节奏感。机型的前面板设计坚持平直风格，扬声器、调谐旋钮、
频率刻度盘以及其他控制元件均以和谐的比例和布局嵌入其中，既方
便用户操作，又不失美观。

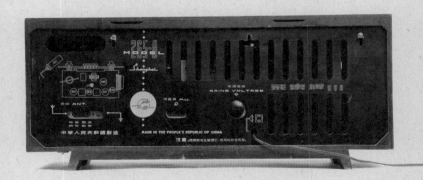

飞乐牌 265-8 型收音机，是电子管收音机向半导体收音机过渡的代表机型。虽然处于计划经济时期，飞乐牌收音机主要面向中低端消费市场，但是飞乐牌 265-8 型收音机在一定程度上展示了上海无线电二厂的综合技术实力，并始终保持对高品质产品的热切追求。飞乐牌265-8型收音机的产品样式，也在很长的一段时间内影响了之后晶体管收音机设计风格的形成。

东风牌EQ140型载重汽车

汽车如何实现从军用到民用的华丽转身?

关键词: 实现盈利的主流车型

第二个五年计划期间,中央提出建立第二汽车制造厂的设想,曾经选址武汉、湖南等地,最终落实在湖北十堰。第二汽车制造厂的建设,主要采用全国成熟工厂包建的策略。早期生产军用越野车,后经历军用转民用的战略转型,便开始计划生产5吨民用车,定为东风牌EQ140型,并于1978年开始投入批量生产。

东风牌EQ140型载重汽车继承1964年第二汽车制造厂准备为解放牌CA10型汽车换型而设计但未能最终落地的CA140车型。造型设计上,EQ140型保留

了CA140型的方正车身，前脸的设计更具整体性，大灯、转向灯、进气格栅等部件进一步融入车头，使其结构更加稳固、更具现代感。从侧面看，车身线条更加干练、硬朗，发动机舱盖做了向下的斜面设计，使得静态形象产生了动感，同时驾驶室视野得以拓宽。色彩上，EQ140型除了使用常见的军绿色外，还有灰蓝和蓝色。

东风牌EQ140型载重汽车是第二汽车制造厂开拓载重汽车从军用转向民用并实现盈利的经典之作。EQ140型的研制成功，为之后东风牌系列车辆的陆续推出打下了坚实基础。其中，特别值得关注的是民用东风牌8吨平头柴油车的设计制造，它开创了中国中型载重汽车的新历史，其设计完美融入世界中型载重汽车的主流车型，为国内同类产品改型升级树立了榜样。

雪山牌大口保温瓶

妈妈给你带的汤还是热的吗？

关键词：便携保温饭盒

1925年，上海协新国货玻璃厂生产
出我国第一只国产麒麟牌保温瓶。

次年，光明热水瓶厂也生产出热心牌保温瓶。随后，上海又增设汉昌、
三星等热水瓶厂。随着热水瓶厂的迅速扩张，保温瓶行业逐步稳定发
展，其制造成本降低，保温瓶逐渐成为人们生活中不可缺少的日用品。
1936年，光明热水瓶厂首创大口保温瓶，因其瓶胆的口径较大，适用
于存放冷热食品。两年后，大口保温瓶改由上海光大热水瓶厂独家生
产，采用金鼎牌、雪山牌商标。

1966年10月，光大热水瓶厂改名为上海保温瓶一厂，由该厂生产的大
口保温瓶具有品种多、规格全、质量好的特征。容量从1号（0.4升）
至20号（8升）达20多种，满足了不同消费者的需求。图中所示的雪
山牌大口保温瓶是20世纪70年代生产制造的。

保温瓶由外壳和内胆构成，不同时期的材料结构形成了不同特色的保温瓶产品。雪山牌大口保温瓶以双层金属为外壳，搭配玻璃内胆，确保保温性能优越，能有效保持内部食物的温度。其外观为简洁筒状，绿色涂层瓶身采用浮雕处理工艺强化品牌信息，搭配品牌及产地贴纸，具有强烈的时代特征。金属手柄设计注重便携性，方便用户外出携带，搭配塑料盖子密封，确保热量不易散失。整体设计注重人机工程学，手柄和盖子的形状均便于抓握和操作，给人以良好的使用体验。此外，该产品也非常重视细节的处理，例如底部三个蓝色脚垫的设计，可增大接触面的摩擦力，让其在放置时也能够更加稳定。总体而言，雪山牌大口保温瓶以极简的外观形态体现了该时期便携保温容器对功能与美观的追求。

民以食为天，食物的传递饱含着家人、朋友间的关心。雪山牌大口保温瓶将这份关怀更加具象化。对20世纪80—90年代的人们而言，保温瓶已经不再是简单实用的器具，而是承载了过去美好记忆的物件。虽然传统造型的保温容器已经渐渐淡出人们的视线，但成了我们脑海深处代表着"温暖设计"的经典民生产品。

青花玲珑咖啡壶系列

瓷器上米粒大小的孔洞，是怎么产生的？

关键词：玲珑生辉

青花玲珑瓷是景德镇四

大传统名瓷之一。所谓

青花玲珑瓷，是指在白泥坯胎上采用镂雕艺术雕刻出玲珑眼，随后绘
制青花，再覆以透明釉色而制成的瓷器。传统的玲珑眼多为米粒状，
也有水点状、浪花状、月牙状、流线状及桃形、菱形等。20世纪80年
代之后，艺术家们更是设计出了蝴蝶、花草、凤凰、云朵等各种玲珑
图案。

青花玲珑瓷器从原料配方到高温烧成，需要经过50多道工序的精工细
作，过程十分细致复杂，其巧夺天工的技艺是他人欲仿而不可即的。
景德镇市光明瓷厂凭借其精湛的青花玲珑工艺和优良的产品品质，被
中外客户誉为"青花玲珑之家"。青花玲珑咖啡壶系列以西式饮食习惯
为依据，整套餐具品类齐全，有咖啡壶、咖啡杯、糖缸、奶盅等品类。
整套产品的器型与功能，能够满足当代人生活的需求。其器型简约现

代、线条流畅，给人一种高雅洁净的感觉。在青花装饰方面，器物外沿绘制菱形纹边饰，内沿采用蝙蝠工字纹样，底部则以二方连续的蕉叶纹装饰，整体营造了传统且优雅的视觉效果。设计师还别具匠心地将传统纹样与晶莹剔透的玲珑眼分隔而立，布局精巧简约，相互依衬，以青花的意境强化玲珑之美，将自然之美与工艺之精完美融合，给人以清新淡雅、珠联璧合的艺术享受。

青花玲珑咖啡壶系列是典型的基于中国传统器型、融合西方使用功能的产品。凭借其端庄优美的造型、新颖别致的装饰、精雕细琢的品质，该套餐具在国际上大获好评。青花玲珑系列产品不断创新与突破，1986年更是获得了时任国务委员方毅的高度赞美，并题词"玲珑生辉"。[1]

---

1 张明旺.青花玲珑瓷与光明瓷厂——景德镇光明瓷厂建厂三十年概述[J].景德镇陶瓷.1991（4）：15.

宇宙电视船铁皮玩具

还记得20世纪70年代的铁皮玩具吗?

关键词: 大工业情怀铁皮玩具

康元玩具厂最初只是康元制
罐厂设立的康元玩具部。康
元玩具部利用制罐的边角余料,以钟表发条为动力,凭借具有印铁设
备的优势,生产可做出机械动作的发条金属玩具。随后的几十年,康
元玩具厂发展壮大,成为铁皮玩具行业的领军企业,设计制造的产品
远销海外。

每个时代出生的人都有属于他们的玩具。在人类儿童时期认识周围世
界的过程中,玩具起着极大的作用。与现代玩具不同的是,20世纪
60—70年代推出的玩具具有鲜明的时代与地域特征,对当时的少年
儿童而言,有着特别的意义。例如,70年代康元玩具厂推出的ME777
电动宇宙电视船,就是具有代表性的宇宙主题玩具。该玩具整体造型
由多块铁皮冲压拼接而成,小人头部为橡胶材质。船身整体为流线
型,采用白色为底搭配三原色,色彩明快。通过紧凑的拼接线和清晰

的印刷图案可以看出，该玩具凝聚了当时高超的设计实力与精细的制作工艺。船身配备4个轮子，前方的2个轮子可以360°转向，后方的2个轮子则作为驱动使用。船身底部有型号"ME777"和"中国制造made in China"的标识。此外，万吨水压机玩具、三轮摩托车玩具、开门警车等铁皮玩具，都在一定程度上反映了当时的大工业大科技主题。

这类极具工业感和科技感的玩具不断进入市场，一方面见证了当时工业产业的繁荣与兴盛，体现了人民群众对中国特色工业体系满满的情怀与自豪感；另一方面反映了当时工业领域设计制造者们的传承心态，希望孩子们的工业梦想可以从这里起航，为后续的工业发展添砖加瓦。

金水四合壶

壶身上的金水为什么会反光呢?

关键词: 婚嫁必备

金水装饰是新彩陶瓷工艺的一大
表现形式。清末,德国人坎恩发
明的液态金传入我国,景德镇的饰金瓷器因此有了很大的发展。因为液
态金由纯金加工提炼而成,成本高昂,所以在最初阶段,饰金工艺只是
在小范围内试制。20世纪50年代,景德镇开始自制金水,加入黄金以
外的金属元素,既能降低含金量,又能保持金色鲜亮,大大降低了产品
成本,因此金水装饰很快被运用到新彩装饰之中,深受大众的喜爱。

20世纪70年代,艺术瓷厂生产的金斗方龙凤双喜四合壶是较为典型的
中式茶具。所谓四合壶,即六头中式茶具:一壶、四杯、一块圆托盘。
四合壶整套器具主体上大下小,丰满似蓬蓬,壶身属半高型,壶口呈
弧形于肩部突起,壶把则为回角式结构,方便实用。杯子直口、深弧
腹、圆足,配上造型小巧的把手,整体饱满而轻巧。托盘呈圆月形,
腹壁较浅,平底,形似荷叶。四合壶采用金斗方开光装饰设计风格,

壶盖用金色进行分割，壶体用金色界定出主画面，剩余部分则大面积填满，金色蔓延至把手和壶嘴，横向拉伸视觉效果，突出把手和壶嘴的曲线。配套茶杯也采用同样开光的表现方式，而托盘则在内圈口处饰以金色。壶和杯放置于托盘之上，整体装饰风格和谐统一。四合壶开光界定出的主画面采用的是新彩描绘，一面画龙，一面绘凤，搭配着红色双喜字样，富有吉祥的寓意，增添喜庆的氛围，完全契合中国人的主流审美。龙凤图主体采用了传统民间风格并加以简化，在显得更加亲民的同时也进一步降低了批量生产的难度。

金斗方龙凤双喜四合壶广受人民群众喜爱，于是厂家在保留四合壶整体设计思路的基础上，扩大了产品类别，生产制作出金斗方龙凤双喜餐具、咖啡具等成套产品。整个系列一经面世，销量便居高不下，众多消费者甚至将整套产品一并购买，作为婚嫁的必备物品之一。

第三章　　改革开放：

设计赋能

1979—2011 年

1978年12月18—22日，中国共产党第十一届中央委员会第三次全体会议在北京举行。这次会议是党和国家发展历程中至关重要的大会。大会将全党全国的工作重心由"以阶级斗争为纲"转移到"社会主义现代化建设"上来，将过去工业发展过程中过分强调重工业（军事国防工业）转移到轻重工业协调发展上来，从"两个凡是"的错误方针转变为"解放思想，开动脑筋，实事求是，团结一致向前看"的指导方针，从单一的社会主义公有制的经济体制向以公有制经济为主体、多种经济成分共同发展的社会主义市场经济体制转变，开辟了中国改革开放和社会主义现代化建设的新时期。

自十一届三中全会以来，党形成并发展了符合中国国情的社会主义初级阶段的基本路线，即"一个中心、两个基本点"。"一个中心"是以经济建设为中心，"两个基本点"是坚持四项基本原则，坚持改革开放。这条基本路线决定了党和国家的命运前途，是实现国家富强、民族振兴、人民幸福的生命线、胜利线。

20世纪80年代末90年代初，东欧剧变、苏联解体，世界社会主义运动遭受挫折。面对中国应该向何处去、改革开放应该如何深入进行等历史问题，1992年1月，邓小平发表南方谈话，此次谈话成为"把改革开放和现代化建设推进到新阶段的又一个解放思想、实事求是的宣言书"。1992年10月，党的十四大确立了社会主义市场经济体制的改革目标。2002年，党的十六大提出了新型工业化道路，是中国针对21世纪全球经济发展趋势和本国实际情况提出的一种工业化发展战略，强调以信息化带动工业化、以工业化促进信息化。

党和国家工作重点的转移令中国经济活力得到空前释放。工业产品设计作为推动经济发展的重要力量，迎来了前所未有的发展机遇；随着社会主义市场经济体制的逐步建立，市场在资源配置中的作用日益凸显，为中国工业产品设计注入了新的活力；新型工业化道路的拓展、新发展战略的奠基，预示着科技与设计的深度融合，为中国工业产品设计的发展提供了广阔的舞台。

1979—2011年是中国工业产品设计飞速发展的时期。在这个时期，改革开放带来了巨大的变革，中国逐渐融入全球经济体系，工业制造业得到了迅猛发展。这一时期，人民群众生活的方方面面呈现出相应的快速发展，人们对美好生活的向往和需求成为产品设计的重要导向。在这样的背景下，中国工业产品设计经历了从学习模仿到自主创新的转变，并逐渐形成了自己的特色，产品设计从理念到实操，都有了巨大的飞跃。

1979—2011年，中国工业产品设计大致可以分为三个阶段。

1979年到20世纪90年代初，工业产品设计处于质变之前的起步与探索阶段。这一时期处于改革开放初期，在计划经济向市场经济转轨的过程中，工业生产主要以满足基本生活需求为目标，设计活动多侧重于实用性和功能性：一方面，加快了恢复传统工艺的步伐；另一方面，开始有意识地引进国外先进设计理念和技术，日本和欧美国家的设计风格对中国设计界产生了初步影响，美学与用户体验的结合也开始受到关注。例如，上海-50型轮式拖拉机的设计在保留传统工艺的基础上，采用了新材料和新工艺，使其既适应了中国农田的需求，又提升了产品的性能和美观度；海鸥牌4B双镜头反光照相机以其高性价比和易用性，成为中国老百姓最熟悉的"全民相机"；贵州茅台酒飞天包装、露美牌成套化妆品包装等初步呈现了中国的产品设计师对用户体验的思考。这一时期，设计教育也开始得到重视，一些高等院校设立了工业设计相关专业，为行业输送了改革开放后的首批专业人才。

20世纪90年代初至21世纪第一个十年前期，是发展融合阶段。进入20世纪90年代，随着经济的持续增长和市场开放程度的加深，消费者对产品的需求逐渐多样化，工业设计进入高速发展阶段，用户体验对设计理念的影响日益增加，设计开始强调个性化和差异化。外资企业的涌入带来了先进的设计理念和技术，促进了本土设计水平的快速提升。同时，中国设计师开始尝试将传统文化元素融入现代设计中，形成了具有中国特色的工业设计风格。这一时期，家电、电子产品等领域的产品设计尤为突出。以双鹿冰箱为例，其设计从最初的简单实用，逐渐融入人性化和美学元素，通过引入国外设计经验，推出了多款差异性产品，如带有抗菌功能的冰箱，不仅满足了消费者对健康生活的需求，也标志着中国家电设计开始注重用户体验和技术创新。90年代中后期，联想电脑的崛起是中国电子产品设计的里程碑。联想不仅在技术上追赶国际品牌，更在设计上力求突破，推出的天鹭一体化电脑，以其更加轻薄与具有亲和力的外观，赢得了国内外市场的广泛认可，展示了中国品牌在设计上的自信与实力。

21世纪初至2011年，则是我国工业产品设计的创新与国际化阶段。进入21世纪后，中国工业设计步入了快速发展期。随着互联网的普及和全球化进程的加速，工业产品设计进入数字化和网络化时代，设计思维更加开放，创新成为推动行业发展的重要动力。设计不再仅仅是外观的美化，更涉及用户研究、交互体验、可持续发展等多个层面。政府也加大了对设计创新的支持，如设立各类设计奖项，鼓励企业增加设计投入，提升品牌形象。

我国工业产品设计的飞跃发展，对于我国工业现代化的发展和转型，对于提高产品技术含量、促进产业升级、推动企业技术创新、提高产品质量和性能、推动产业链完善、促进设计产业发展、提高设计水平和审美能力、推动设计教育发展、推动工业化与信息化深度融合、提高产品国际竞争力等，起到了实实在在的引领和赋能作用。

1979—2011年是中国工业产品设计走向成熟的重要阶段。这一时期的设计发展历程，是中国经济快速增长和社会变迁的缩影。从最初的技术引进、模仿学习，到后来的自主创新、品牌塑造，中国工业产品设计实现了质的飞跃，在世界舞台上占有了一席之地，展现出强劲的竞争力和无限的潜力。这一时期的工业产品设计，为中国工业的崛起做出了重要贡献，见证了中国从计划经济体制向社会主义市场经济体制的伟大转型，推动了"中国制造"走向世界，更为后续"中国设计"引领全球风尚奠定了坚实的基础。

1979年	上海–50型轮式拖拉机
1979年	飞跃牌9DS1型电视、收音两用机
1979年	长青牌青花梧桐餐具
1979年	如意牌气压出水保温瓶
1980年	向阳牌银红保温瓶
1980年	剑鱼玻璃插花瓶
1981年	三角牌珍珠系列器皿
1982年	金星牌B35–1U型黑白电视机
1982年	水仙牌XPB35–402S型双桶洗衣机
1982年	英雄牌110型手提英文打字机
1982年	红灯牌2L143型调频调幅收录机
1983年	海鸥牌4B型双镜头反光照相机
1983年	星球牌T709型绘图工具
1984年	海鸥牌DF–1ETM型单镜头反光相机
1985年	露美牌成套化妆品包装
1985年	贵州茅台酒飞天包装
1985年	蝴蝶牌JA1–1型家用缝纫机
1985年	孔雀牌PG032型塑料文具盒
1986年	TCL牌HA868(Ⅲ)P/TSD型电话机
1986年	双鹿牌单双门冰箱
1987年	解放牌CA141型载重汽车
1992年	华尔姿彩妆系列
1996年	红心牌蒸汽电熨斗
1998年	联想天鹭一体化电脑
1999年	步步高BK898复读机
2004年	中国高速动车组
2006年	CITAQ Opoz RP5080型热敏打印机

上海-50型轮式拖拉机

谁能在水田、旱田同时作业呢?

关键词：能抓地的平花胎

1957年，武汉柴油机厂成功试制了第一台手扶拖拉机。因其既能耕地，又能运输，还能抽水，被评为"万能拖拉机"。自此以后，拖拉机开始逐渐普及。但从农业机械化的角度来看，其功能仍有一定的局限性，在操作安全上也有所欠缺。

为了适应农机机械化的发展，1970年上海拖拉机制造厂接到45马力中型拖拉机的试制任务。同年9月，试制小组完成了5台样机的试制工作。实地测试发现，虽然样机设计结构合理，性能较好，但是存在马力不足、旱田作业打滑率大等问题。随后，上海拖拉机制造厂对其进行改型，增大马力，1972年，改型设计完成，其功率提高到了50匹马力。1975年，改名为上海-50型轮式拖拉机。

上海-50型轮式拖拉机是水旱田兼用，以耕为主、兼顾运输的中型轮式拖拉机。为了使其顺利投入量产，1971年起，上海拖拉机制造厂便进行专机大会战。历经装配流水线的设计、专机装备的制造与革新、田间试验的反馈等难关，历时数年，上海-50型轮式拖拉机于1979年正式通过国家级鉴定。上海-50型轮式拖拉机是一款兼具美观造型与实用功能的两轮驱动拖拉机。蓝色的锄头型机罩、全开放的驾驶室，方便人们干农活时从驾驶室里顺着悬挂直接走到农具上勘察地情。前后驱动轮采用不同胎型，后轮胎装配的是平花胎，帮助拖拉机有力抓地，无论是在水田还是旱地都能有效地通过。因此，上海-50型轮式拖拉机一经面市便销往全国，成为农田里的一道靓丽风景线。

在国有拖拉机制造企业的支持下，大量的拖拉机机型进入市场，为当时的农业生产提供了必要的机械动力。上海拖拉机制造厂持续不断地更新技术，改良、优化机型，上海-50型轮式拖拉机也屡屡斩获市级、部级大奖。

飞跃牌9DS1型电视、收音两用机

有没有既能听广播，又能看电视的两用机呢？

关键词：通用元器件

上海飞跃电视机厂的前身是上海无线电十八厂，最初主要生产电器、变压器、仪表和电子管扩音机等。1972年成功研制9寸黑白电视机，次年正式投入生产。五年中逐步进行产业调整，专攻电视机，电视机产能得以提升。为了推出一款物美价廉、让老百姓消费得起的电子产品，1979年飞跃牌9DS1型电视、收音两用机诞生。

上海无线电十八厂将电视、收音机两者合二为一，由于当时电视内容播送时间较短，在没有节目的时间段便可作为收音机使用。因此，飞跃牌9DS1型电视、收音两用机极具性价比。为了达到控制成本的目的，飞跃牌采用当时成熟且价廉的晶体管技术，在降低成本的同时使其得以大批量生产。此外，使用标准通用的主要元器件，使其可在不同机型内进行互换，便于生产和维修。飞跃牌9DS1型电视、收音两用

机在技术更新的同时，其外观设计也考虑了生产制造。因此，9DS1型机主要采用直线造型，在传统卧式造型基础上，正面面板呈后倾斜状，不仅在视觉上减少了宽度，避免了沉重感，而且为用户提供了更佳的操作与观看视角。受传统收音机面板左右布局的影响，电视机面板整体布局分为两个宽度相同的模块，呈现出平衡的秩序感。黑色塑料的功能面板点缀着白色线条，加上镀铬装饰条与操控旋钮，使整个产品简约大气。

飞跃牌9DS1型电视、收音两用机率先采用通用元器件，其他厂家和品牌可在其基础上进行更新和生产，有利于后续联合设计的发展。上海无线电十八厂以飞跃牌电视机为拳头产品，在激烈的市场竞争中不断更新技术、丰富功能、降低成本，深受消费者欢迎。

　　　　　　　　　　　　　　　共和国100个经典民生设计

长青牌青花梧桐餐具

瓷器的老纹样如何换新颜?

关键词: 成套系列最多

青花瓷是中国陶瓷历史上最为经典的品种之一。青花属于釉下彩工艺, 制作时以含有氧化钴的钴矿为主要原料, 在白泥坯胎上绘制纹样图案, 再用一层透明釉料覆盖, 经1320℃左右的高温还原焰一次性烧制。烧制而成的釉色显蓝色, 呈色稳定, 色泽艳丽, 富有装饰效果, 深受大众喜爱。长期以来, 景德镇一直是我国最为著名的青花瓷发展中心。20世纪70—80年代, 景德镇青花艺术突破了传统, 实现了全面的繁荣发展。

青花瓷里的梧桐图案来源于诗句"梧桐引得凤凰来", 象征一种吉祥意境。梧桐画面是景德镇产量最大、装饰品种最多、适用范围最广的日用青花瓷画面之一。20世纪60年代以前, 景德镇青花瓷的发展是以王步为代表的名家推动的。70年代以后, 为适应扩大生产的需要, 人民瓷厂的多位艺术家对传统的梧桐画面进行了多次改良和加工。最终,

陶瓷美术家傅尧笙设计出了长青牌青花梧桐餐具。整套青花梧桐餐具由100多件大小不一、器型不同的瓷器组成，有缸、盅、斗、盘、羹、碗、杯等，整体设计风格以传统明代正德器为主，大多丰满浑厚，线条柔和圆润，给人以一种典雅庄重的感觉。整套餐具在青花创作上保留传统的同时又融入了现代特色。在青花梧桐画面上，傅尧笙受《滕王阁序》启发，将"石桥行人""花鸟林木""楼台亭榭""层峦叠嶂""波光水影""雁阵渔舟"等意境以图案的形式绘制于器物表面，通过点、线、面的巧妙结合，利用桥、屋、树等传统元素，描绘出了经典的江南园林风光。虽然采用的是传统元素，但画面的布局明显与传统散点透视中的高远、中远逻辑不同，更多的是通过图底的互补关系，借助青白对比、浓淡对比和虚实结合，采用分水技法，营造一种诗意的境界，表达朦胧含蓄、淳朴真挚、富有情趣的美感。餐具主体画面的边缘处，以珠帘、织锦、缎带、八宝为组合进行修饰。此处的八宝纹样并非佛门八宝，而是神话故事八仙过海中仙人所用的器具，即"暗八仙"：花篮、荷花、葫芦、芭蕉扇、宝剑、道情筒、阴阳板、笛子。边缘处的八宝纹样带有吉祥之意，也正是这些微小的细节使得整套餐具更富设计感和观赏价值。

随着青花梧桐餐具越来越受到苏联及东欧国家的喜爱，设计师扩展了更多器型来满足西餐中不同的功能需求，同时还使用上等的德国进口青料和国产云南珠明料，使得呈色青翠而沉稳，分水层次分明，极具表现力，釉色也更加细腻明亮。整套产品底部落款为"人民瓷厂 景德

镇"，虽然没有注明品牌，但在当时此落款已是产品品质的保证。长青牌青花梧桐餐具于1979—1991年间七次荣获国际博览会和国家优质产品金奖。

如意牌气压出水保温瓶

为什么一按就能出水呢?

关键词：第一款气压出水保温瓶

上海保温瓶一厂的前身为徐文记油漆桶罐厂，创建于1917年。1966年经过公私合营企业重组，更名为上海保温瓶一厂。传统保温瓶的出水方式为拔塞倒水，直到1979年，上海保温瓶一厂设计生产出第一只颠覆性出水方式的保温瓶，定名为如意牌气压出水保温瓶。

如意牌气压出水保温瓶利用空气压缩原理，在瓶盖泵体处设置按钮装置。要用水时，只需用手揿动按钮，水便会从出水口自动流出来。由传统的拔塞倒水变为手揿自动出水，气压出水保温瓶的诞生标志着我国保温瓶行业进入了一个全新的阶段。在上海保温瓶一厂的不懈努力下，经过四次改型，如意牌气压出水保温瓶一次比一次完善，在使用过程中只需手指轻轻一揿便可出水，且出水量大、安全系数高，不仅为大众消费者提供了方便卫生的饮水方式，还为老人、孩子、孕妇、残障人士等体弱人群带来了极大的便利。气压出水保温瓶不仅在出水

技术上进行了革新，在外观造型上也实现了升级换代，由传统的直筒型变为上小下大的宝塔式，配以集壶嘴、瓶身、把手于一体的塑料外壳，款式新颖，造型别致。保温瓶瓶身的装饰，除了延续传统铁壳保温瓶的装饰风格外，设计师们还进行了一系列的尝试，如以西方经典符号图形为原型，绘制简单的图案装饰，使其更具现代感及理性色彩。

气压出水保温瓶一经面世就引得广大消费者争相购买，并在当时的中国秋季出口商品交易会上引起轰动，30多个国家和地区的客商纷纷下单订货，一时供不应求。短短几年时间，如意牌气压出水保温瓶便出口至90多个国家和地区。此后，上海保温瓶二厂、三厂、四厂也相继开发生产气压出水保温瓶，无论是在出水方式、造型还是使用材料方面都实现了突破式发展，如出水方式有外揿式、内揿式和杠杆式，造型有矮胖型、象鼻型、鹰嘴型，外壳材料有马口铁、铝、不锈钢、塑料等。

向阳牌银红保温瓶

保温瓶上的花儿为什么这样红?

关键词：排长队购买的保温瓶

1980年后，不锈钢成为保温瓶外壳的主要材料，保温瓶也因此变得经久耐用，逐渐成为彰显生活品位的日常用品。随着技术日益精良、设备不断改进，保温瓶表面的装饰不再局限于过去的国画花鸟，设计师有了更大的发挥空间。向阳牌银红保温瓶顺势诞生，其外壳以红色为背景，为了使色彩更加明亮，在红色当中加入了银粉，在完成喷花工艺以后还喷涂了一层导光漆，让红色背景在光线照耀下呈现出金属质感的反光。与此同时，设计师们还不断更新保温瓶表面的纹样装饰来丰富产品类别，持续推陈出新。其中，比较突出的是向阳牌银红5

号保温瓶，设计师从国画花卉中汲取灵感，在红色的背景上绘制了三大朵簇拥盛开的牡丹花，姹紫嫣红，给人一种喜庆庄严的感受，极具中国传统特色。银红5号保温瓶一经面世便引来广大消费者的追捧，迅速成为

向阳牌产品中的经典，盛开着牡丹的红色保温瓶也一度成为国民保温瓶。随着产品出口量的提升和国内市场需求量的不断增加，企业除了在产品设计方面求新、求精外，也开始注重打造品牌形象。向阳牌保温瓶过去以具象图案设计方式展现的品牌形象，随着时代的发展已经过时。负责改进工作的设计师是毕业于原上海美术学校的赵瑞祥先生。他在改进向阳牌商标图形时引进了平面构成中光效应的技术，通过黑白色的有序排列，产生了花心中央白多黑少、四周白少黑多的视觉效果，让人感觉似乎正好有阳光照耀着向日葵，使原本平面的向日葵顿时有了立体感。商标图形一经设计完成便被定型，并应用在产品和各类媒体宣传上，取得了很好的宣传效果。

向阳牌作为中国最著名的热水瓶品牌，无论是品牌名称还是商标的向日葵图案，都传递了生产者对向阳牌保温瓶前途光明、蒸蒸日上的美好期待。向阳牌保温瓶也正如所愿，在那个时期成为人们生活中不可或缺的日常用品之一。虽然如今向阳牌保温瓶已不复盛况，但它承载的几代上海人的回忆将永不磨灭。

剑鱼玻璃插花瓶

玻璃如何表达灵动的生命？

关键词：自由成型

1917年，大连玻璃制品厂成立，从此在中国的玻璃制品工业领域中占有一席之地。大连盛产硅，为玻璃产业的发展与兴盛提供了有利条件。20世纪50年代，大连是中国玻璃产业集中区，玻璃艺术品更是闻名全国。

20世纪70—90年代，自由成型的产品备受市场追捧，其中形态各异的花瓶独当一面，而当中一枝独秀的则要数鱼花瓶了。鱼花瓶通常以金枪鱼、热带鱼、鲤鱼等为题材，造型栩栩如生。如果说代耳花瓶还是传统与现代的结合，那么各式各样的鱼花瓶则是鲜明个性、大胆创新的体现。以剑鱼为题材的鱼花瓶深受各大工厂品牌喜爱。图中所示的鱼花瓶有蓝色与红色两种。匠人在制作过程中剪出鱼嘴造型，张开的鱼嘴构成了花瓶的瓶口；在制作鱼身的过程中，还蘸取少量黑色与黄色的玻璃液，形成鱼背斑斑点点的效果；然后利用透明玻璃料以及简易的工具在拉、捏、压等过程中制成鱼鳍和鱼尾。鱼花瓶比较独特的

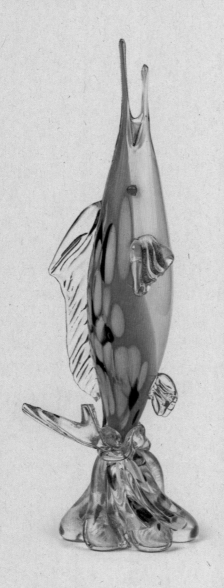

部分还在于其底座——用玻璃吹管蘸取多层次的彩色玻璃液，拉拽出浪花的造型，给人以一种鱼儿腾空跃起、跳出水面的动感，使其更加美观、逼真。鱼花瓶利用玻璃材料的流动特征，结合剑鱼的跳跃动态，加上精准的色彩运用，产生了极佳的视觉效果。

与机械轧制生产的产品不同，制作自由成型的玻璃制品需要的工具极其简单：一根吹管，加上钳、镊、夹、剪刀、托板等，全凭工匠的技艺制成各种艺术品。无模成型的玻璃器皿对技术工人的要求极高，而且费时费力、操作困难、产量很小，加之这类产品壁薄，用料少，造型复杂独特，色泽光亮均匀，就显得尤为精致高级。由于产品的造型具有极高的自由度，被赋予强烈的设计特色，因而受到市场的热烈欢迎，成为室内陈设装饰中锦上添花的美物。

三角牌珍珠系列器皿

设计如何让食物更加芬芳?

关键词: 系列珍珠浮雕花纹

20世纪70年代后期直至80年代, 中国玻璃器皿制造业步入黄金时期, 该行业的工艺与技术飞速发展。上海玻璃器皿行业不仅积极研制新的成型工艺, 还在新型装饰工艺方面展开研究。上海玻璃器皿一厂先后成功研发出珠光彩虹、晶花、珠花及蒙砂革新等装饰工艺, 进一步丰富了日用玻璃器皿的装饰外观。基于这一时期的技艺沉淀, 上海玻璃器皿一厂于1981年成功研制珍珠系列玻璃器皿。

受日本玻璃器皿设计风格的影响, 三角牌珍珠系列产品一改过去的样式, 其样品形式更具创意、更富有艺术感。产品表面呈现细腻的纹理, 赋予产品柔和、高雅的气质, 提升了产品的整体质感, 同时搭配别致的花纹装饰, 层次分明, 富有立体感。以紫色透明的珍珠系列果盘为例, 设计师以花瓣为造型灵感, 在此基础上增加了一圈细腻精致的纹理图样, 意在使用果盘时增大其外部摩擦力, 减少滑落可能。与外围

图案不同的是，果盘当中的纹理浮雕位于底部下方，纹样清晰显现，果盘光滑清透。内外融合使得整个玻璃器皿既端庄大方，又在细节处尽显设计感。事实上，珍珠系列产品不仅可以作为日常用品，还可作为装饰物品点缀家庭空间、增添生活情趣。该系列产品造型设计突破了传统器皿的束缚，以新颖独特的样式获得了广大消费者的喜爱。

正因其兼具实用性与艺术性，珍珠系列器皿自投产以来便深受国内外市场欢迎。上海玻璃器皿一厂进一步扩大系列品种，除了基本的盆、碟、碗外，还有咖啡杯、腰圆盘、冰淇淋杯等20余种。该产品凭借其独特的设计创意获得了众多奖项，如1984年获得全国玻璃器皿设计评比优秀奖，次年获得国家银质奖等。

金星牌B35-1U型黑白电视机

1982
年

第一台让你感受到立体声的
电视机是什么样的?

关键词: 模拟声立体机

1970年，上海成立电视会战办公室，
组织各大单位协作发展电视产品。

同年，上海金星金笔厂（1978年更名为上海电视一厂）开始试制电视机。从"笔机并举""以笔养机"到最终的"以机代笔"，上海金星金笔厂实现了从金笔到电视机的全面转产。随着电子元器件的发展，到20世纪80年代，金星牌电视机开始全面采用集成电路，电视机的体积也大大减小。1982年，上海电视一厂成功设计了金星牌B35-1U型35厘米黑白电视机，并于次年投入生产。

与之前受技术限制的产品不同，金星牌B35-1U型黑白电视机采用3块UPC集成电路，分别承担通道、伴音和扫描电路功能，比采用6块HA-KC集成电路的结构更加简化，外围元器件进一步减少，产品体积大大减小。同时，电视机的中框后盖逐渐使用ABS全塑结构，给设计带来了更多可能性。得益于塑料的可控性，电视机的整体设计也从

第三章 | 改革开放: 设计赋能（1979—2011年）   271

粗犷转向精细，中框和前脸边角处更加圆润。全塑结构的电视机整体更为轻巧，减少的重量和增加的把手使得电视机的搬移更加轻便，也为电视机由卧式发展为立式机型起到了承上启下的作用。对比之前的B31-3U型电视机，两款机型亮度调节、对比度调节、音量调节和开关都采用金属旋钮方式，与频道选择旋钮一致，形成了较为统一的设计语言。B35-1U型在频道旋钮与调节旋钮中设计了一条黑色的纵线，在视觉上进行了功能区域的划分，也起到了一定的装饰作用。从B35-1U型电视机的正脸设计可以看出，金星牌电视机开始有意识地调整整体设计风格，注重产品群、家电族的考量，并逐渐形成统一的设计语言。

B35-1U型电视机为模拟立体声电视机，主要打造电视产品视听并重的效果。该机型考虑的不仅是电视机产品本身，而且注重将电视机融入生活环境，将人们从烦琐细碎的日常劳动中抽离出来，为人们营造出一种轻松愉悦的视听娱乐生活，构建起一种全新的生活方式。与其他款电视机不同的是，B35-1U型电视机不再是传统的局部设计与整体美化，而是从电视机的功能与需求出发进行全局设计。也正因如此，1984年，金星牌B35-1U型电视机在全国第四届黑白电视机评比中获得了外观造型单项一等奖。

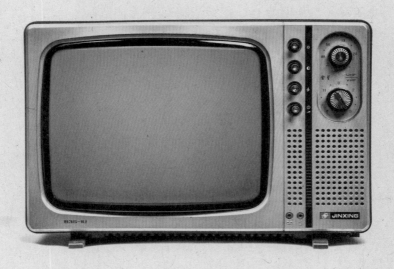

水仙牌XPB35-402S型双桶洗衣机 1982
年

妈妈是如何轻松洗衣服的?

关键词：第一款双筒洗衣机

十一届三中全会后，中国在经济结构
上进行调整，开始有计划地发展轻工
业。在此之前，洗衣机虽采用流水线生产方式，但依旧不能满足批量
生产的需求。1980年，上海市家用电器按照"专业分工、联合生产、
统一经营、分级核算"的原则，组建上海洗衣机总厂，并逐渐优化升
级，极大提高了生产线的自动化水平及洗衣机年产量。

1982年，上海洗衣机总厂首次推出洗衣功能齐全、安全可靠的水仙牌
双桶洗衣机。该机型具有洗涤、漂水、脱水三种功能，能够很好地满
足家庭日常织物的清洗需求，且可自由选择水流、水位，实现经济用
水，是十分节能、便利的家用洗衣机。不同于常规的平台型洗衣机，
该机型以琴台式造型为主，主要在控制台上做了倾斜设计，表面布局
呈现了大小旋钮与按压圆键，强调了控制功能，使得俯视操作更为便
利。机型正面匀称的长宽比例，也令机身造型更有变化、体态更加优
雅。

20世纪80年代初期，上海洗衣机总厂引进国外先进技术与设备，进一步提升了洗衣机的材料与工艺。此后，开发了三个系列、三十多种规格的洗衣机，使得单、双桶洗衣机陆续进入寻常百姓家中。1987年，水仙牌双桶洗衣机首次获得国家优质产品银质奖，并于次年被评为"全国最受消费者欢迎的十个产品"之一。

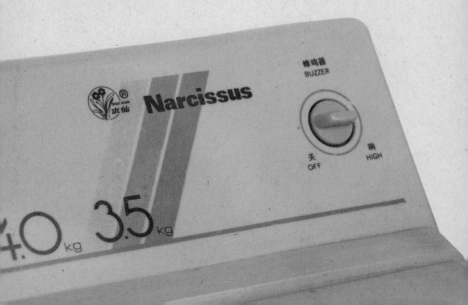

英雄牌110型手提英文打字机

彩色打字机是如何设计的?

关键词：办公、学习必备

1958年，上海打字机厂创建，专攻机

械计算器和打字机。随后，上海打字

机厂对产品结构进行调整，专注生产各类中英文打字机，主要品牌为
双鸽牌和飞鱼牌。1966年9月，上海打字机厂成功研制我国第一台外
文打字机，定名为飞鱼牌PS型14英寸台式英文打字机，并于1970年
批量生产，产品大部分用作出口创汇。1982年，上海打字机二厂在飞
鱼PSQ100型的基础上进行改良，推出英雄牌110型手提英文打字机。

英雄牌110型手提英文打字机机身壳体设计圆润紧凑，多数运动部件皆
嵌入机身壳体之中，机身侧面采用垂直斜面设计，摒弃了传统打字机
的包边与棱角，以此降低在携带过程中可能出现的磕碰。这样的设计
使得机身在携带时占用空间更小，便于用户进行收纳。白色外壳与黑
色机械组件的搭配，形成鲜明的色彩对比，既凸显了功能特性，又呈
现出简洁而美观的设计风格。该款打字机机架采用了铝合金材料，在

保障较高的机械强度和韧性的同时降低了重量。外壳整体采用粉末喷涂工艺，外表光洁，牢固度高。还有多种色彩供用户选择，在牢固、轻便、易携的同时彰显出独特的个性。

上海的打字机行业大力开发各种型号的打字机，并将适用语种扩大到俄语、德语、西班牙语、汉语拼音、多语通用，以及少数民族语等20余种。随着科教改革的深入发展，打字机成为一批年轻教师得力的办公助手，敲打键钮发出的清脆的噼啪声也成为一代人记忆里充满时代节奏的打击乐。

红灯牌2L143型调频调幅收录机

四个喇叭如何响彻中国?

关键词: 机械风与科技感

新中国成立以后, 国家大力提倡发展无线电事业, 人民群众在家就能够听到党中央和毛主席的声音。1960年上海无线电二厂组建完成, 以生产收音机、电视机等产品为主。随着全国各地对收音机的需求与日俱增, 上海无线电二厂推出的红灯牌系列收音机, 逐渐成为当时市场上的主流产品。

20世纪80年代, 上海无线电二厂以大型台式多功能收录机为研制目标, 学习研究了日本同类产品, 于1982年设计并生产了红灯牌2L143型调频调幅收录机。随着微电子技术的兴起, 电子设备发生了日新月异的变化。2L143型调频调幅收录机采用塑料模拟金属件质感, 制造哑光、高光的金属表面效果, 提升了产品整体的科技感。在新技术的保障下, 2L143型收录机实现了调频、收音、录音、扩音、放音等多功能集成, 立体声播放, 为使用者带来了全新的视听感受。因其较高

的技术性与专业性，2L143型调频调幅收录机的外观设计显得相对复杂。显眼粗壮的扬声器位于收录机左右，正中则是不同的操作按键与旋钮，看似复杂零碎，实则排布规律，整体功能布局符合用户使用习惯。2L143型调频调幅收录机因机体大型气派，成为婚嫁必备物件之一。

20世纪70年代，反映高品质生活的日用品被人民群众概括为"三转一响"，其中的"一响"就是指收音机。随着塑料材质的普及与发展、生产工艺的稳定与成熟，上海无线电二厂在赋予红灯牌2L143型调频调幅收录机更多造型的同时，还将其量产落地。正因如此，普通家庭能够以极其合理的价格购买它，而收录机的普及也在一定程度上丰富了人们的文娱生活。事实上，同时期江苏盐城推出的燕舞牌收录机更加贴近青年用户群体。燕舞牌产品通过电视广告营造出户外青春洋溢的生活情境，使其风靡全国。

海鸥牌4B型双镜头反光照相机

有性格的照相机长什么样子?

关键词: 全民相机

1958年上海照相机试制小组成功

试制了上海牌58-1型旁轴取景高级

相机，随后迅速聚焦当时国际主流的中档照相机产品——120双镜头反光照相机。初代产品于1962年设计完成，沿用了上海品牌，定型为58-IV，次年7月投产。20世纪60年代，为了满足出口需求，上海牌改为海鸥牌，产品系列重做规划。海鸥牌4A型次年首次参加中国进出口商品交易会，年底出口2300台，开创了国产相机出口的先河。作为4型系列的第一款成熟产品，4A型的设计主要考虑了专业摄影师的需求，'特别适合在短时间内抓拍多张照片。由于内部结构较为复杂，所以制造成本较高，制造周期也比较长。

1969年，在海鸥牌4A型的基础上，设计了海鸥牌4B型。作为前者的简装版，其设计目标是为普通摄影爱好者服务，所以在基本保留前者的外观造型、材质、色彩之外，简化内部结构，一方面降低成本，另

292

一方面进一步确保产品的稳定性，同时兼顾操作的便利性。图片中4B型相机是1983年批量生产的，同4A型产品一样，该产品由双镜头连贯而成的8字前脸给人们留下了深刻印象，这个前脸的设计也有"白脸"与"黑脸"之分。"白脸"产品具有优雅感，主要受到女性使用者的喜爱；"黑脸"产品更加深沉，多受男性消费者青睐，而双镜头连贯造型也成为那个时代双镜头120照相机设计的造型特征。除此之外，设计师还在机体上使用了不同材料以形成肌理，强化了产品的品质感；同时利用光圈、快门数字刻度、镜头规格标注数字、文字，以及生产工厂名称等要素，营造产品的精密感。产品的皮质外套设计除了保护机身，还将品牌标识设计压印为浮雕状，增加了品牌的辨识度。

海鸥牌4B型产品在1969—1989年间销售了127万台，最高年产量达到8.5万台，后期产品设计还增加了可以通用135毫米胶卷的功能，操作起来安全简便，动作顺畅且携带方便，手感和使用体验都备受好评，经济实惠的价格使其成为中国的"全民相机"。不仅畅销国内，4A型产品还远销德国、英国等欧洲市场和日本市场。

星球牌T709型绘图工具

1983
年

圆是怎么画出来的?

关键词：大众绘图工具

在计算机辅助绘图普及之前，手工绘图是主要的绘图方式。国营上海绘图仪器厂于20世纪70—80年代生产的绘图仪器，是人们用于手工绘制工程图的重要工具，图中所示的绘图工具为上海星球牌。一系列精确、多元绘图工具的设计生产，不仅满足了中国日益增长的工程制图需求，同时也可替代外国进口的同类产品。

绘图仪器大多为套装，圆规收纳于盒内。圆规一般用于画圆及圆弧，大小分规用于截取长度，鸭嘴笔用于描图或是在图纸上画墨线，另外还有不同功能的插脚、配套铅芯和橡皮等。圆规套装多为不锈钢金属材质，根据不同需求而有多种方案搭配选择，每种组合都有自己的代号。套盒内一般有一块印有商标的擦拭布、介绍不同型号所有配件的说明书和检验合格证。套盒大多以皮革表面包裹，上方印有工厂商标，各个仪器嵌在裹有绒面的塑料底座上，使其不会因为外力作用而损坏。

20世纪70年代开始，计算机图形学、计算机辅助设计等在我国开始慢慢普及，费时费力的手工绘图形式逐渐被计算机绘图取代。绘图工具渐渐退出专业领域，转而在理工科基础教育中发挥助力功能。中小学数学几何课程会用到圆规，一套绘图仪器也是工科类大学生学习基础课程的必备工具。

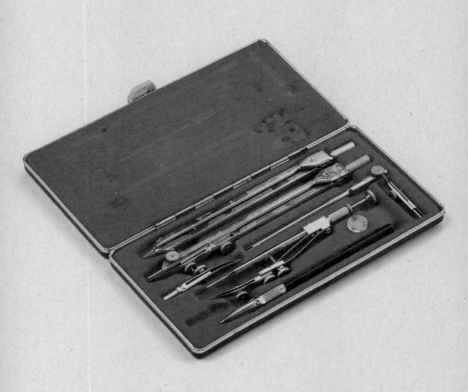

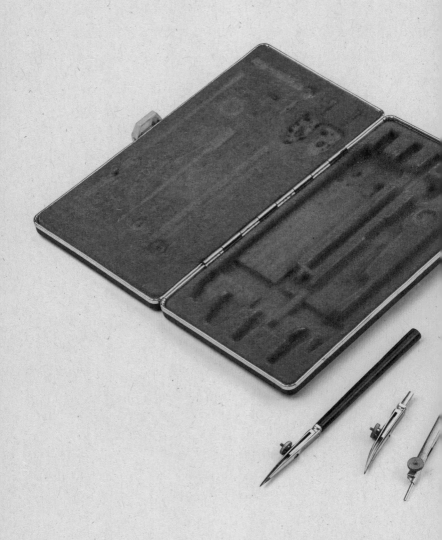

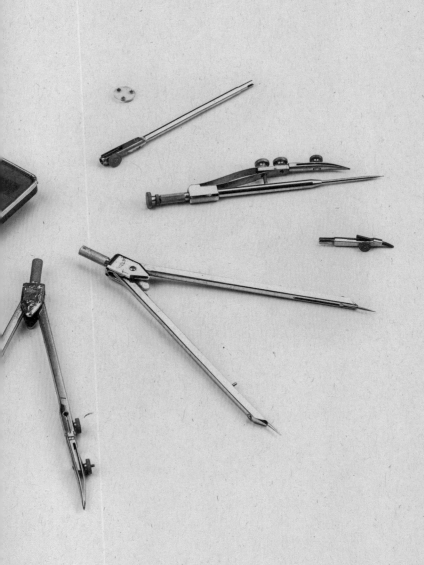

海鸥牌DF-1ETM型单镜头反光相机 1984
年

展翅高飞的海鸥是如何飞出国门的?

关键词:大众相机

上海照相机厂以美能达SR型照相机为原型,推出海鸥牌DF型照相机,并于1966年实现批量生产。此后,上海照相机厂在制造工艺与技术上不断更新,保持着海鸥牌DF型照相机的迭代与发展。

1984年,上海照相机厂研发了海鸥牌DF-1ETM型单镜头反光相机,这是中国最早自行开发设计的实用化35毫米电子测光单镜头反光相机。该型号相机的诞生,标志着

海鸥牌步入了电子产品时代。在外观上，DF-1ETM型单镜头反光相机保留了DF型相机的基本特征，机身顶盖正上方的海鸥图案由Seagull字符代替，机身左侧则标记着DF-1字样的产品型号。整体以沉稳的黑色调为主，并通过皮革、塑料、金属等不同材质的融合，展现出丰富的质感。机身两侧略微收窄的形状使其在被抓握时贴合掌心，为使用者提供了更好的舒适体验。在技术方面，海鸥牌DF-1ETM型单镜头反光相机具备TTL测光技术，取景时有LED指示灯，显示测光结果。其机械结构设计的提升使得操作旋钮具有多种功能，如卷片旋钮与快门合二为一，进一步简化了产品结构。此外，该机型部件多为金属制作而成，快门联动的声音十分清脆，比同类产品更有穿透力，让用户在使用的过程中愉悦感倍增。

海鸥牌DF-1ETM型单镜头反光相机的重要性在于，它代表了国内照相机镜头制造技术的突破和发展。在DF102机型的基础上，采用新工艺、新材料和新技术，海鸥牌将变焦镜头率先引入国内市场，成功打破了进口品牌镜头的垄断局面。

露美牌成套化妆品包装

妈妈给女儿的嫁妆是什么样的?

关键词: 首套高级成套化妆品

20世纪80年代初，随着大众消费能力的提升，女性消费市场凸显。但当时中国却缺乏高档的成套化妆品，无法满足市场的需求。因此，上海轻工业局下达了开发任务，由邵隆图带领轻工业全局美工组进行化妆品产品大会战。1982年，上海家化推出国内第一套高级成套化妆品——露美牌化妆品。1985年，露美牌化妆品丰富了产品品类，使其系列化更加完整。

露美牌化妆品品类，面霜、爽肤水、乳霜、粉饼、口红等产品一应俱全。该系列产品以红、白、金为主要色调，采用整体的设计语言，金银色的瓶盖搭配白色或透明的塑料瓶身，瓶盖采用铜棒切削的处理工艺，使得单一的圆柱体表面增加了对称的凹槽，方便抓握的同时亦极具造型感。此外，在瓶盖的上端增加红色的圆面，配以金色的R字标识，加深品牌印象的同时亦形成圆中带方、方中见圆的视觉层次感，

丰富了设计细节，提升了视觉效果及产品档次。化妆品瓶盖采用电化铝工艺，瓶身则以玻璃为底，印制Ruby品牌标识，整体简洁大方，加上玻璃印制、丝网印刷等工艺，通过表面的纹理与装饰，增添了产品的精致感。在露美牌系列化妆品一炮打响之后，邵隆图曾负责开设了全国第一家美容院——露美美容院，尝试将品牌延伸至服务领域。

露美牌化妆品是新中国第一次尝试设计的成套化妆产品。它的诞生，不仅开启了全国轻工业日用化工系统设计成套化妆品的新征程，也让中国新一代女性逐步树立了"美容消费"的概念，使得老百姓的生活更加丰富多彩。此外，露美牌系列化妆品因其卓越稳定的产品质量及高雅华贵的造型设计，被选定为外交礼品，赠送给外国的元首夫人们。

贵州茅台酒飞天包装

飞天茅台如何一飞冲天?
关键词：出口创汇主力

早在20世纪50年代，贵州茅台酒便以
"五星牌"之名在国际市场上销售。但
因其品牌识别度与流通性不高，导致销量并不乐观。为了扭转国际市
场上的不利局面，1958年，香港五丰行为其设计并注册了"飞天"商
标，并沿用至今。直至70年代末期，配以飞天商标的茅台酒才开始在
国内市场销售。

飞天商标标识灵感来源于敦煌壁画飞天造型，散花传香的天歌神与奏
乐起舞的天乐神合捧一盏金爵，飞舞摇曳，传播酒香，完美融合了中
国酒文化与传统历史文化。贵州茅台酒外包装纸盒质地较硬、韧性好，
折叠时不易断裂。外壳主界面以大面积金色搭配飞天造型，右侧以中
文字体书写"贵州茅台酒"字样，底部则以威妥玛拼音法进行标注。
茅台酒的外壳包装以金色为主色调，搭配红色及白色的点缀，辅以黑
白色字体，印刷精美，颜色均匀，光泽度好。其瓶身以白色为底，搭

配红色调的品牌信息贴纸，与红色金属瓶盖相呼应。瓶身整体呈直筒状，方便抓握，也易于倾斜。整体而言，既体现了现代包装的高雅贵气，又保留了古色古香的传统韵味。

茅台酒的包装历经多次更新换代，为其品牌国际形象的声名远播奠定了良好基础。但无论包装如何变化，茅台酒的飞天造型始终是其经典所在。设计师刘维亚为其设计的飞天包装盒，以金色为底色，烫金线条画出飞天，体现陈年老窖的婉约情趣，使产品身价大增。1989年，该包装获国家银质奖，这也是全国包装印刷系统第一个获质量金奖的包装印刷产品。

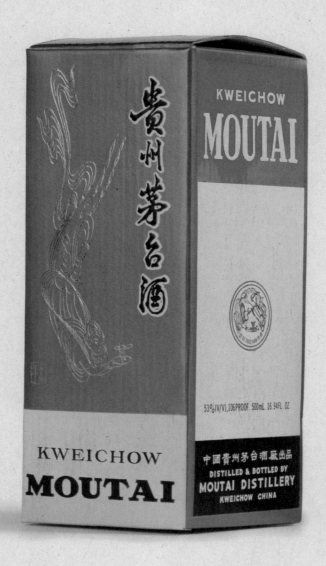

蝴蝶牌JA1-1型家用缝纫机

近乎完美的缝纫机长什么样?

关键词: 高品质外观

20世纪初, 中国缝纫机市场主要被外国公司垄断, 上海缝纫机产业以机器维修及生产零配件为主。新中国成立后, 上海协昌缝纫机器公司(上海协昌缝纫机厂前身)在市政府的大力支持下, 实现了蝴蝶牌缝纫机的批量生产, 并于1950年由上海发往香港, 实现总计16万港元货值的销售, 成为新中国成立后第一批在香港销售的缝纫机。1956年, 蝴蝶牌推出JA1-1型出口家用缝纫机, 其出口数量曾高达年均数万台, 一举成为中国缝纫机出口明星产品。

20世纪70年代, 亚洲成为世界缝纫机生产和销售中心, 中国缝纫机工业得到快速发展。上海协昌缝纫机厂持续不断地改进产品的技术与品质, 并在广交会上邀请荣毅仁家族在香港的贸易公司对其产品进行外观评价。1985年, 蝴蝶牌JA1-1型缝纫机进行了整体更新换代。机身沿用传统的流线造型, 在保持原有铸造工艺的前提下, 利用日本进口静

电喷漆设备提高黑色漆面的亮光效果。为了增强金色装饰的效果，上海协昌缝纫机厂配备了专门制作金色纹样的工厂，进一步协同细化机身正中标识"蝴蝶牌"字样及周边的金色纹样。为了方便放置衣物，操作台采用可折叠的设计以增加操作面积，并以塑料贴面仿制木质效果，让产品更显精致，并延长其使用寿命。使用者手动操作机身左侧的转动轮，能够辅助带动脚踏板顺利运行。整体而言，蝴蝶牌JA1-1型缝纫机不仅外观充满现代感，而且极具实用性。最特别的是，新款蝴蝶牌JA1-1型缝纫机提供了长达60余页的说明书，用通俗易懂的语言与插图介绍了缝纫机的基本使用方法与维护知识；此外，还附赠精心搭配的能满足一家人服装需求的裁剪图，可谓想顾客之所想，为购买缝纫机的用户省去了不少寻找制衣教程的麻烦。

20世纪90年代，随着电子技术的发展，上海协昌缝纫机厂推出了JG系列筒台两用多功能电子缝纫机，除了具有无级调速、显示花纹等数字控制功能外，还具备锁钮孔、钉纽扣、织补、绣花等常规用途，是家用缝纫机的不二选择。

孔雀牌PGO32型塑料文具盒

学生最爱的文具盒是什么样的?

关键词:塑料的高光质感

20世纪70年代,塑料作为一种
可塑性极强的生产材料,慢慢地
在人们的日常生活中普及开来。但当时国内的塑料产品表面质地有褶
皱,如何打造高光亮的塑料表面仍是亟待攻克的难题。上海作为轻工
业发展较为集中的地区,率先攻克了此工艺技术,后逐步在全国普及
开来,为日常民用产品提供了更多的设计可能性。1985年,北京文具
一厂推出了孔雀牌PGO32型塑料文具盒,其光亮的塑料表面打破了传
统文具盒给人的刻板印象,一经面市便深受文具爱好者的喜爱。

孔雀牌PGO32型塑料文具盒是一款简洁实用的塑料文具盒,外盒以亮
面塑料制成,内部则以硬纸板实现支撑结构。作为一款典型的上翻盖
文具盒,其开合处采用磁铁吸附,在便于开启与关闭的同时能较好地
保护内部文具。该系列文具盒有单、双层两款,在功能与容量上有细
微区别。以单层为例,文具盒内部有铅笔、橡皮、直尺、卡片等物品

的收纳区域。卡套通常采用明快的色彩，在其表面印制品牌标识、产品型号与产地，卡套边缘采用波浪形状，既俏皮又颇具设计细节。文具盒下部则采用分割的形式放置不同的功能物品，尤其是铅笔的收纳区域，在边缘处采用异形切割的方式，既方便翻取，又能够展示更多的文具。文具盒在不改变内部结构的同时，提供了丰富的外表图案供用户选择，如牡丹、山水等传统元素，以及太空、花草、卡通形象等现代元素，以最优性价比为顾客提供了个性化的选择。

孔雀牌PG032型塑料文具盒突破了传统铁皮限制，以轻盈光亮的质感、丰富清晰的功能、多彩明快的色泽，让小小的文具盒展现了独特的魅力。文具盒开关清脆的"咔嗒"声，回响在一代人欢乐的课堂时光中。

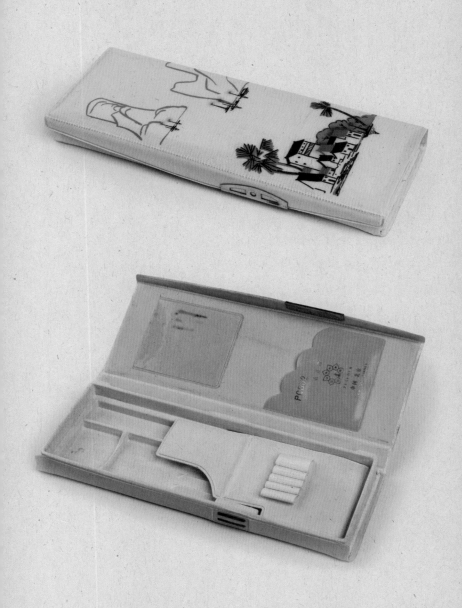

TCL牌HA868(Ⅲ)P/TSD型电话机

电话机是如何焕然一新的?

关键词: 破旧与立新

20世纪80年代，TCL科技集团成立。其前身为TTK家庭电器有限公司，是一家专注于生产录音磁带的公司，在中国小型家用电器领域积累了丰富的生产制造经验，后转型成为中国首批合资企业之一。虽然当时电话机并没有得到普及，但是刚成立的TCL便将企业重心转移至家庭电话机的生产与制造上。

在当时的中国市场，电话机的主流机型依旧是拨盘式的。该类机型受到欧美国家产品的影响，棱柱状听话筒横搭在主机话筒架上，正面为双层正圆形的数字拨号盘，整体机型圆润流畅，保留了30年代流线型电子产品的设计风格。1986年，TCL推出国内最早的扬声免提按键式HA868(Ⅲ)P/TSD型电话机。该机型突破了传统造型，米白色方形机身搭配简洁硬朗的线条，能够更好地融入现代家居环境。考虑到人的使用行为与习惯，该机型左侧为话筒放置区，话筒抓握下方隐藏着横

向线条装饰的扬声器。电话机右侧是按键区，其中12个淡蓝色方形按键是主要的数字输入区。免提、回拨等功能按键设计为细长形，通过按键形状来区分功能，布局清晰明确。

得益于其现代简约的设计风格、便捷友好的使用形式，TCL牌HA868(Ⅲ)P/TSD型电话机尤为符合人机工学。该机型迅速成为中国电话机市场单个型号销量最大的机型，帮助TCL建立起了品牌形象及知名度。1989年，TCL电话机更是以近千万台的年销量跃居全国第一，一举成为中国的"电话大王"。

双鹿牌单双门冰箱

夏天如何享用冰凉?
关键词: 设计优化实现品牌价值

1978年, 轻工业部统一管理全国各系

统、各地区家用电器工业, 洗衣机、冰

箱、空调等6个产品类型被纳入国家部管计划, 重要零部件统一由国家进口并由轻工业部分配, 各地区家用电器产业进入高速发展阶段。20世纪80年代初, 上海电冰箱厂推出"双鹿牌"商标, 吸引外资进行厂房扩建, 分别从日本、意大利等地引进高端技术设备, 逐步形成年产超10万台的生产流水线, 并于1986年正式投入生产。

受限于国外引进制造设备, 双鹿牌冰箱大多为规整的几何形态, 在造型设计方面无法实现较大突破。因此, 设计师巧妙通过改良冰箱双门比例以提升整体视觉效果, 这是技术集成式设计最先解决的问题。保温、绝热及存储是冰箱的主要功能, 在箱体内设置好压缩机、冷凝器等制冷系统后, 还须考虑空间规划及其他组件的设计, 搭配接水盘、搁架、蔬菜盒等配件, 以进一步优化冰箱内部存储空间, 在保障功能性的同时注重提升产品的实用性。此外，双鹿牌冰箱持续不断优化产品细节，如改良拉手形态以增加产品的便捷性，丰富外观配色以提升产品的融合度，优化标识工艺以提升产品的品牌形象，从而达到增加产品附加值的目的。虽然双鹿牌冰箱的外观设计受到诸多因素的限制，但其平直的表面、小弧形的把手依旧引领了当时中国市场上百种家电的设计潮流。

20世纪80年代初期，冰箱的普及程度尚不高。双鹿牌作为制冷效率较高的早期冰箱代表，其造型简约现代，能够较好地融入现代家庭环境，提升使用者的生活品位和品质。为了更好地服务于中国产业结构改革，上海市工艺美术学校与上海电冰厢厂展开合作，通过现代设计理论及计算机技术辅助设计，促进产品更合理地迭代与发展。

解放牌CA141型载重汽车

如何通过正向设计实现"老解放"的升级?

关键词：垂直换代

20世纪80年代，中国开始经济体制改革，产业布局有所调整。虽然中国放缓了重工业的发展速度，但这并不影响中国汽车工业在其专业领域的深耕发展。1980年10月，长春第一汽车制造厂开始了换代产品CA141型5吨载重汽车的设计任务。经过几轮的设计迭代与技术试验，1983年，解放牌CA141型载重汽车顺利通过国家鉴定，1987年实现批量生产。

受到引进技术设备及制造工艺的限制，初代解放牌CA10型车以实现制造突破为最终目的，车辆设计始终让位于制造。相比之下，CA141型车则更注重全方位的升级换代。

CA141型车依旧沿用军民结合的设计原则，车身整体更加方正硬朗，整合式的前脸布局将车灯与进气格栅融为一体，搭配横向贯穿的腰线特征，强化了车身设计的整体感。特别需要强调的是，该车型首次采用了一体化的前挡风玻璃，为驾驶员提供了良好的视野，提高了行车安全性。此外，车辆一改传统的军绿配色，以橘色、蓝色、白色三种配色投入市场，营造了亲民且醒目的视觉效果。

解放牌CA141型载重汽车是当时成熟的工业产品代表之一。该车型以其正向的设计理念及优良的工艺技术，在国内外均获得较高评价。值得一提的是，CA141型车的设计不仅注重车辆本身的外观造型，还考虑到了产品统一的设计语言，为后续系列车型的发展奠定了基础。

华尔姿彩妆系列

如何为中产消费者带去女性化妆品?

关键词：民营化妆品品牌价值提升

20世纪70—80年代，中国的
化妆品主要来自国外进口，
但其高昂的价格让众多普通消费者望而却步。由于应对经济体制变革
的市场经验不足，国内老牌化妆品公司尚处于行业低谷，以生产制造
花露水为代表的大众产品为主，性价比较高的中端化妆品市场一度处
于空白状态。此时，民营企业敏锐捕捉市场需求，上海华尔姿化妆品
有限公司于1982年成立于上海闵行，主要生产中端日用化妆品。

由于化妆品在产品技术上相对容易实现，因此如何在保证产品技术的
基础上赋予其丰富的感性价值，提升品牌影响力，是华尔姿化妆品公
司考虑的重点。因此，华尔姿化妆品公司邀请化妆品产业知名设计师
来为其进行产品包装设计。1992年，华尔姿化妆品公司推出同名彩妆
系列，产品以粉饼、口红、唇膏为主，顾传熙为该系列产品进行包装
设计。该系列化妆品的包装以黑色为底色，线条凌厉流畅，给人以一

种明朗清爽的视觉感受。化妆品包装的中间偏上部位则以烫金勾勒出品牌标识及产品信息，辅以金色圆润的色块，在干练中增添了一抹妩媚，凸显了高级的品质感。受到20世纪60—70年代化妆品包装的影响，华尔姿彩妆系列一方面实现了传统美学文化与实用性的融合，另一方面则更加强化现代简约的设计。

美观与实用兼顾及其独特的化妆品产品定位和包装风格，让华尔姿彩妆系列在市场上具有很高的辨识度和吸引力。该系列在化妆品市场中独树一帜，并进一步引领国产化妆品品牌进入国内市场，让更多女性消费者有机会使用相对高端的化妆品，从而提升中国新时代女性的生活质量。

336

红心牌蒸汽电熨斗

一颗红心，如何发光发热?

关键词: 中国第一代蒸汽电熨斗

上海是电熨斗制造业发展较早的地区，产品主要出口东南亚地区。1958年，上海照明器材厂首次自主研发成功调温型电熨斗，定名为"红星牌"，后更名为"红心牌"。1962年，上海照明器材厂分离组建上海电熨斗厂，开始从事专业的电熨斗生产。

红心牌电熨斗几经更迭，在1996年成功推出蒸汽电熨斗。与初代云母发热、电发热熨斗相比，红心牌蒸汽电熨斗保留了前两款熨斗的主体结构。由于蒸汽熨斗的储水需求，该产品体型更加圆润饱满。熨斗主要由三部分构成：下部为不锈钢熨斗，中部为透明储水箱，上部为红色塑料握把。白色的进水口、调温盘及电源插孔等部件完美地镶嵌在红色机身当中，精心设计的分件线为产品更添一种技术感与高级感。鲜明的色彩对比呈现出强烈的视觉冲击力，加之整体流线型的外观，赋予其时尚、现代的气息。调温盘及蒸汽按钮设计巧妙、布局合理，即便使用者仅用一只手握持，也能轻松调节与开关。相较于过去的电熨斗，新款产品大量采用塑料材质，减轻了整体重量，提高了使用便利性。

20世纪90年代，红心牌蒸汽电熨斗凭借其优良的产品品质、美观的造型设计、便捷的使用方式，荣获省、部、国家级众多奖项，1997年其市场占有率更是达到全国第一。伴随着红心牌蒸汽电熨斗的推广与普及，安全简单的熨烫方式开始进入寻常百姓的家中。

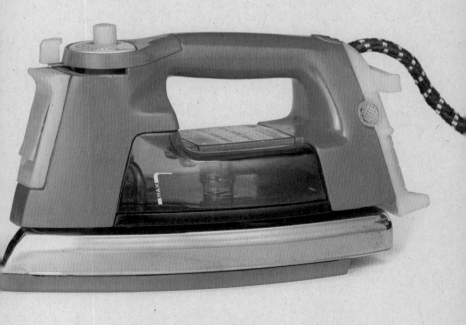

联想天鹭一体化电脑

个人计算机是如何个性化的?

关键词: 个人微机

1982 年, IBM 台式微型计算机被《时代》杂志选为"年度风云机器"。次年, 其全球销量已超过 52 万台, 微型计算机开始逐渐进入中国市场。1984 年联想集团成立, 同年成功研制汉卡并投入市场。所谓汉卡, 即装在进口的计算机上实现拼音、区位、五笔字型等 10 余种字体的输入, 具有灵活处理中文信息功能的卡片。此后, 联想集团便将重心转移至联想系列微机的研制当中。

1989 年, 联想推出 LX-286 型个人微型计算机, 即联想 286 微机。该机型首次采用联想自主研发设计的主板, 与现成公板不同的是, 该主板采用了零等待页面模式和隐蔽再生技术, 使得 286 微机的性能得到较大提高。因此, 当联想 286 微机首次出现在德国汉诺威博览会上时, 便一鸣惊人, 受到了广泛的关注。得益于快速的运算速度, 联想个人微型计算机迅速成为畅销机型。此后, 为了提升品牌形象, 联想着手

统一产品设计语言，进行较为完整的品牌规划。1996年，联想邀请蔡军进行个人微机系列产品的设计与开发。1998年，更具个人化与家庭化特征的联想天鹭一体化电脑诞生。在外观上，天鹭一体化电脑在显示器及其支架上进行了优化设计，减小机身体量，将开机键与插卡槽放置在显示器正面，并对屏幕采用双层套色设计，使其具有更加轻巧的视觉效果。通过蓝紫色与白色的搭配，天鹭一体化电脑一改冷峻感，更具亲和力。此外，优化键盘布局减小其尺度，能够完美地置入机身支架镂空处，机身侧边还设有放置鼠标的卡槽。整体而言，无论从外观、色彩，还是鼠标、键盘的收纳，联想天鹭一体化电脑从各个层面考虑了计算机作为个人产品在家庭氛围中的使用形式。

1992年，联想LX-286型微机获得了国家科技进步一等奖。很快，联想迅速占领中国个人微机市场，获得了较高的市场回报。但联想并没有止步于此，转而持续不断地设计研发新型产品，逐渐形成统一的设计语言，塑造了品牌新形象。如今，联想一体化电脑广泛应用于人们的生活当中，如辅助图书馆的数字化建设、X射线荧光光谱仪的控制等，为我国全面步入数字化时代打下了坚实的基础。

步步高BK898复读机

谁陪伴青少年学英语的日日夜夜？

关键词：支持变速复读

作为改革开放的试点区域及出口海岸码头的聚集地，广东省借助其地域优势，在20世纪70—80年代就已形成较为完整的产业链，能够实现各种零部件的生产与加工。正因如此，众多小家电品牌得以在广东迅速发展壮大。1995年，步步高电子工业有限公司成立于广东东莞。

20世纪80—90年代，中国学校开始教授英语。步步高以其敏锐的洞察力，捕捉到用户需求和市场空白，迅速推出系列产品，占领英语复读机市场。1998年，步步高推出第一款能够实现120秒复读的BK680型复读机；次年，在保障音色的基础上实现480秒变速复读的BK898型复读机诞生。该系列机型造型简约，功能清晰，非常适合学生群体自行操作使用。BK898型复读机上下分区明确：上部为磁带放置区，整体采用方形设计语言，搭配弧线圆点装饰，使其表面更具节奏感；下部则为扬声器、功能按键及信息显示区域。扬声器不同孔洞直径的细

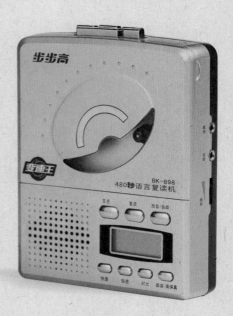

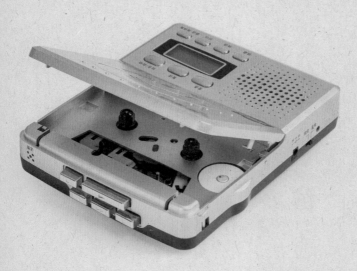

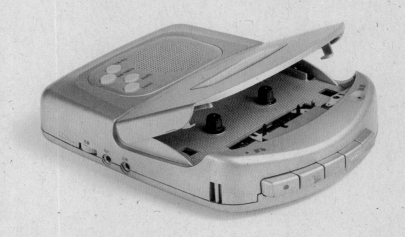

微变化，形成了动态的视觉效果，表达了对音色和音质的追求。机身侧面还设有充电口及耳机孔，配备的耳机可以随时切换声音外放及入耳模式。

2001年，中国正式加入世界贸易组织，与国际的交流日益增多，掌握好英语成为更多人的迫切需求。步步高再次嗅到商机，立马联合国内著名英语培训及出版机构，编写出版学习机配套教材，将学习机产业延伸至教育服务行业。步步高复读机凭借其卓越的品质、稳定的性能、丰富的功能、精湛的工艺以及强大的实用性，长期以来深受广大学生和家长的信赖，荣获"客户满意度最高品牌"及"消费者首选产品"等美誉。

中国高速动车组

新时代的人们如何日行千里？

关键词：自主研发的高速列车

21世纪初，随着社会经济快速发展，我国的铁路运输能力逐渐难以满足人民群众对于日常出行的需求。因此，为了提高出行效率，推动社会经济健康发展，铁道部启动了高速铁路建设项目，和谐号电力动车组应运而生。

2004年，考虑到我国铁路环境的特殊性，动车组研发团队采用了"引进、消化、吸收、再创新"的发展模式，引进德国、法国、日本等国的先进技术，自主研发适合我国国情的高速铁路技术。历经三年，中国第一代高速动车组和

谐号投入运营。和谐号采用了低风阻的流线型设计，更有利于列车高速行车。此外，考虑到车身的隔热效果、可视性、维护等因素，和谐号通常以白色调为主。和谐号的运行标志着中国高铁的起步，此后中国铁路系统在技术和运营上不断创新。2017年，中国第二代高速动车组复兴号驶出北京南站。自此，中国有了自主研发、完全知识产权的新一代高速列车。复兴号高速动车组采用了全新的低阻力流线型车头和车体平顺化设计，整车造型相较于和谐号更加优美。新的设计也让车内空间大增，能耗、噪音、耳压等问题均有改善，乘客可以获得更舒适的乘坐体验。

从和谐号到复兴号，中国高铁技术水平和运营水平实现了从追赶到领跑。这不仅推动了中国高铁产业的发展，也为国家经济的快速发展提供了强劲的动力。

CITAQ Opoz RP5080型热敏打印机

为餐厅量身打造的POS产品长什么样?
关键词: 广泛商业使用

广东川田科技有限公司自1996年诞生以来, 便凭借其创新的DIY-POS销售理念在POS机市场大展拳脚。2003年, 川田科技秉持开放包容的理念, 组建了CITAQ国际化设计团队, 致力于新产品的研发与创新。2006年, CITAQ品牌系列产品问世, 并以其卓越性能赢得了市场的广泛认可。

CITAQ Opoz RP5080型热敏打印机作为CITAQ系列产品中的经典代表, 是专为餐厅、时装店和百货公司量身打造的POS机产品。该打印机支持最大直径为80毫米的纸卷, 有效减少了更换纸卷的频次, 提高了工作效率。同时, 其打印速度高达150毫米/秒, 极大地缩短了操作时间。此外, 内置的现金抽屉自动打开功能, 确保了交易过程的安全性; 自动裁纸机的设计, 更是省去了用户手动撕纸的烦琐步骤。值得一提的是, 其塑料外壳上的橡胶漆涂层能有效抵抗轻微划痕, 使得打印机长时间使用后依然保持较新的外观。

卓越的产品设计和持续的技术创新，造就了CITAQ Opoz RP5080型热敏打印机。凭借超过10万套的辉煌销售业绩，川田科技成功树立了DIY-POS领域的卓越标杆。事实上，川田科技不仅在国内市场树立了良好的品牌形象，也在国际市场上赢得了广泛的认可，极大地推动了中国零售业POS机的普及与发展。

第四章　　　走 进 新 时 代 :

设 计 创 新

2012 年 至 今

2012年11月，中国共产党第十八次全国代表大会[1]在北京召开。党的十八大是在我国进入全面建成小康社会决定性阶段召开的一次十分重要的大会，是一次高举旗帜、继往开来、团结奋进的大会，对凝聚党心军心民心、推动党和国家事业发展具有十分重大的意义。党的十八大和随后召开的党的十八届一中全会，选举产生了以习近平同志为核心的新一届中央领导集体。从党的十八大开始，中国特色社会主义进入了新时代。

2015年以来，我国经济进入了一个新阶段。当年11月，习近平总书记在中央财经领导小组第十一次会议上强调，要在适度扩大总需求的同时，着力加强供给侧结构性改革。

2017年10月，习近平总书记在党的十九大报告中作出重大判断："经过长期努力，中国特色

1　中国共产党第十八次全国代表大会[M]. 北京：新华出版社，2013.

社会主义进入了新时代，这是我国发展新的历史方位。"

2022年10月，习近平总书记在党的二十大报告中指出："从现在起，中国共产党的中心任务就是团结带领全国各族人民全面建成社会主义现代化强国、实现第二个百年奋斗目标，以中国式现代化全面推进中华民族伟大复兴。"

2010年，中国经济规模首次超过日本，成为世界第二大经济体；2016年，广东省经济总量相当于俄罗斯，如果按照独立的经济体在世界进行排名，广东、江苏、山东、浙江四省的经济总量均可进入世界二十强。根据世界银行2019年发布的信息，中国大陆国民生产总值是美国的70%，是日本的四倍有余。

民生的发展，物质生活和精神生活的极大丰富，对产品设计的理念和实践提出了新的更高的要求。目前，一方面，我国社会的主要矛盾已由"人民日益增长的物质文化需要同落后的社会生产之间的矛盾"转变为"人民日益增长的美好生活需要和不平衡不充分的发展之间的矛盾"，这种转变必然要求产业升级；另一方面，我国虽是世界制造业大国，但传统行业资源消耗大、污染严重且产能过剩，迫切需要调整结构，转型升级现有的经济发展模式。

2015年，国务院印发了全面部署推进实施制造强国战略第一个十年行动纲领——《中国制造2025》。该纲领由百余名院士专家着手制定，为未来十年的中国制造业设计顶层规划和路线图，努力实现中国制造向中国创造、中国速度向中国质量、中国产品向中国品牌的三大转变，推动中国到2025年基本实现工业化，迈入制造强国行列。随着《中国制造2025》的提出，我国明确了从"制造大国"向"制造强国"转变的目标，工业产品设计成为这一转型的关键环节。政策的引导促进了设计创新体系的建立和完善，鼓励企业增加设计研发投入，提升产品附加值。在此背景下，众多设计创新中心、孵化器在全国各地涌现，为工业产品设计提供了良好的发展环境。

积极推进设计服务发展，成为培育国民经济新的增长点、提升国家文化软实力和产业竞争力的重大举措，是发展创新经济、促进经济结构调整和发展方式转变、加快实现由"中国制造"向"中国创造"转变的内在要求，是促进产品和服务创新、催生新兴业态、带动就业、满足多样化消费需求、提高人民生活质量的重要途径。目前，我国已成为全球设置设计专业门类最全、高等院校数量最多、培养设计人才规模最大的国家。

这一时期，工业产品设计在技术进步与设计创新上飞速发展。随着3D打印、虚拟现实（VR）、增强现实（AR）等先进技术的应用，工业产品设计的手段和方法得到了根本性改变。设计师可以利用这些技术快速迭代设计方案，进行虚拟测试，缩短了从设计到生产的时间周期，降低了成本。同时，智能化、个性化的设计理念逐渐深入人心，促使产品设计更加注重用户体验，满足市场多元化需求。

这一时期，工业产品设计引入了互联网设计模式。互联网技术的飞速发展深刻影响了工业产品设计的模式。电商平台、在线设计平台的兴起，使得设计服务能够跨越地域，实现全球范围内的供需对接。众筹平台的出现更是为创意设计提供了资金支持的新途径，许多具有创新性的工业产品通过这种方式得以面世。此外，大数据和云计算的应用，通过数据驱动设计，帮助企业精准定位市场需求，优化产品设计。

这一时期，工业产品设计注重绿色环保设计理念。随着全球环保意识的提升，中国工业产品设计也开始注重可持续发展，绿色设计理念深入人心。政府和行业组织推出了一系列环保标准和激励措施，鼓励企业采用环保材料、优化生产流程、减少废弃物排放。设计师们在追求美观与实用的同时，更加注重产品的环境友好性，推动了循环经济和绿色制造的发展。

在工业化和信息化两化融合、降低工业资源能耗、实现可持续发展方针指导下的全球集成创新、协同创新，成为打造中国工业产品核心竞争力的重要途径。比亚迪仰望U8新能源越野汽车、大疆DJI Mini 2航拍无人机等前沿产品的设计，体现了中国工业设计超越既有框架、快速推陈出新的实力。智能硬件产品如米家LED智能台灯、海尔Ubot智能机器人、永久牌合成竹材自行车、小牛电动自行车等，则反映了设计对可持续发展的关注。匹克3D打印球鞋、阿里巴巴物流机器人"小蛮驴"、科大讯飞H1智能录音笔等，展示了设计与新兴科技的融合，设计参与塑造着新社会图景。

过去十余年间，中国工业产品设计在国际舞台上的影响力显著增强。众多中国企业参加国际设计展览、竞赛，赢得了诸多奖项，展现了中国设计的创新实力与文化魅力。同时，中外设计合作日益增多，促进了设计理念与技术的交流互鉴，加速了中国工业产品设计的国际化进程。

自2012年以来，中国工业产品设计在政策支持、技术创新、互联网融合、绿色环保理念以及国际交流等方面均实现了显著进步。设计创新已成为产业发展的关键驱动力，不仅提升了国内产业的竞争力，也为全球工业设计领域贡献了中国智慧和力量。展望未来，随着新技术的不断涌现和应用，中国工业产品设计将持续向着更高水平、更深层次发展，为建设制造强国做出更大贡献。

2011年	永久牌"青梅竹马"竹材车架自行车
2012年	火星人X7集成灶
2013年	海尔画架系列电视
2014年	联想Yoga 3 Pro超轻笔记本电脑
2014年	好孩子Pockit婴儿车
2016年	美的壁挂复合式空调
2016年	米家LED智能台灯
2016年	海尔Ubot智能机器人
2016年	TINGHOME汀壶
2017年	碳纤维智能旅行箱
2017年	NOMI车载人工智能系统
2017年	九牧SAILING超薄小便器
2018年	贝尔Mabot模块化球形编程教育机器人
2019年	九阳F-Smini蒸汽电饭锅
2020年	阿里巴巴物流机器人"小蛮驴"
2020年	大疆DJI Mini 2航拍无人机
2021年	科大讯飞H1智能录音笔
2022年	匹克3D打印球鞋SPHERE源型
2022年	小牛电动自行车SQi
2022年	HOTO工具箱系列
2023年	华为Mate 60手机
2023年	比亚迪仰望U8
2023年	浩瀚iSteady MT2相机稳定器
2023年	遨博S系列协作机器人
2024年	OPPO Watch X手表

永久牌 "青梅竹马" 竹材车架自行车

如何留住恋爱时光?

关键词: 竹材情侣自行车

1995年,杨文庆及其合伙人在上海创立了龙域设计工作室,主要从事产品设计。此后,随着龙域的发展与壮大,逐渐成为集设计研究、设计策划和设计实践于一身的设计咨询公司,是上海最具规模与活力的工业设计公司之一。

2011年,为了振兴上海老字号企业,龙域设计与上海永久品牌展开合作,推出永久牌 "青梅竹马" 竹材车架自行车。"青梅竹马" 自行车的设计灵感,源自对竹材这一传统材料的现代演绎。为了实现竹制品的量产,设计团队远赴云南中缅边境的高山地区,精选满足自行车性能要求的竹材品种。该系列车型利用竹材的轻盈与韧性,替代了传统的金属车架,在提升骑行舒适度的同时,既凸显了环保理念,又赋予了产品独特的美学与质感。此外,为了使得竹材更加适应自行车的使用环境,永久牌进行了一系列技术创新,经过20多道工艺满足了车辆的防腐、防潮、防暴晒的实际需求。更有意思的是,每辆自行车都有自己的身份标识，原竹上逐一刻有竹子在成为车架之前的生长信息，使用户不仅得到了一辆摩登的自行车，同时也拥有了一件独一无二的艺术品。

"青梅竹马"自行车的问世，不仅满足了现代社会对环保和健康生活方式的需求，也展现了永久牌对创新设计的重视和对社会责任的承诺。"青梅竹马"竹材车架自行车通过对自行车材料和外观的革新，提升产品吸引力，以此收获更多年轻人的认可，影响着他们对出行方式的选择。

火星人X7集成灶

> 如何还厨房一个清洁无烟的环境?
>
> 关键词：集成式厨电产品

火星人厨具股份有限公司创立于2010年，专注于高端集成厨电的研发、生产和销售，致力于解决厨房油烟问题，让厨房生活更健康。其中，火星人集成灶是其核心产品。

2012年，火星人推出集抽油烟机、燃气灶、消毒柜、储物柜等功能于一体的X7集成灶。X7集成灶的外观造型灵感来源于迪拜的建筑，将帆船的形式与集成灶融为一体。油烟机悬臂可以在20°范围内进行调整，以达到最佳吸烟角度，在其上端内部利用LED灯珠形成照明矩阵，与下方吸烟孔洞有机结合，悬臂的设计在保障吸烟效率的同时，为用户提供了更加清晰的烹饪视线。凭借烟灶联动技术，X7集成灶进一步简化了烹饪时的操作流程，使烹饪过程更加高效与便捷。灶台则采用珍珠哑光不锈钢表面，质感细腻高级，且不容易沾染指纹，易于打理。灶台的前上方布局了多触点钢琴按钮，进一步提升了操作的舒适度。

此外，X7集成灶采用模块化设计，用户可以非常便捷地拆装组合，以完成日常的清洁维护工作。整体而言，火星人X7集成灶以其集成式设计策略，凭借简约干净的风格，高效吸烟、便于清洁的产品特性，为中国消费者带来了全新的烹饪体验。

此后，火星人推出了更加丰富的集成式厨电产品，所有系列均为中国消费者特定的烹饪方式量身打造，其优良的产品性能为中国厨电行业树立了新标杆，也体现出中国迈入了从"中国制造"走向"中国创造"的时代。

373

海尔画架系列电视

> **这是一幅画，还是一台电视机呢?**
>
> 关键词：随意调节角度

海尔集团创立于1984年，多年来始终站在技术革命和时代发展的前列，引领中国乃至世界家电产业的发展潮流。从传统工业时代、互联网时代，到物联网时代，海尔在持续不断满足用户最佳体验的同时，构建了共创共赢的链群生态。

2013年，海尔推出的画架系列电视是海尔家电创新的一大亮点。这一系列的电视产品借鉴了画框的概念，以其超薄简约的外观与结构，为用户带来了全新的使用方式。通过调整框架形金属支架的开口角度，用户可以在一定范围内调节电视在桌面上的朝向。这种设计能够让用户根据个人喜好，自由地调整电视的位置和方向，找到最适合自己的观影视角，从而获得更加舒适和优质的观看体验。此外，画框系列电视还可以悬挂在墙壁上，用户只需简单地拨动电视的中轴线，便能轻松地调整与控制智能电视。这种设计不仅提升了用户使用的便利性，还为用户带来了更加多样化的观看感受。

海尔画架系列电视在满足个性化观影需求的同时，还如同一幅极具装饰性的艺术品。该电视突破了传统的造型及其使用方式，不仅体现出海尔在产品设计与用户体验方面的持续创新，还推动了电视外观新概念的发展，为未来的文娱生活带来更多的可能性。

联想Yoga 3 Pro超轻笔记本电脑

电脑也可以练瑜伽吗?

关键词: 360 度翻转

联想秉承"智能,为每一个可能"的理念,持续研究、设计与制造智能手机、平板和电脑等多种智能终端产品。联想持续推动智能化转型,旨在打造一个包容、可靠且可持续的数字未来,为亿万消费者提供更佳的体验与服务。

得益于在智能终端设备上的不断突破与创新,2014 年 10 月,联想于北京和伦敦同步发布了全新 Yoga 系列产品,其中就有 Yoga 3 Pro 超轻笔记本电脑。相较于初代产品,Yoga 3 Pro 采用表带式铰链设计实现 360 度翻转,使其机身更加轻薄,在充满机械感与科技感的同时,提升了用户的使用手感。此外,机身侧面依旧保留了足够满足基本需求的外接接口;机身右侧设置了超薄本的电源开关、屏幕锁等实体按键。此外,Yoga 3 Pro 系列有橙色、银色和香槟金色三种颜色,分别对应年轻活力、成熟干练和高贵时尚的用户画像,为市场提供了更多的选择。

如今，笔记本电脑已成为人们日常学习、工作和生活中必不可少的伙伴。Yoga 3 Pro超轻本的推出，标志着联想在智能笔记本设备上的传承与创新。通过Yoga系列，联想不断在360度旋转设计上推陈出新，大大丰富了消费者与电脑的交互方式，从感官层面进一步提升了消费者的创新使用体验。

好孩子Pockit 婴儿车

如何把婴儿推车带上飞机?

关键词:便携小巧的口袋推车

好孩子(Goodbaby)成立于1989年,是中国婴童用品行业的领军企业之一。好孩子早在20世纪90年代便进军国际市场,并逐步将产品销售到全球一百多个国家与地区,在国际市场上取得了显著的成绩。

事实上,好孩子品牌在创立的当年,便推出了一款通过调节车架将童车变为摇篮的儿童推车产品。此后,产品不断在初代推车的基础上进行迭代与发展。2014年,好孩子推出Pockit系列折叠婴儿车。凭借便捷的开合方式以及折叠后的迷你尺度,Pockit婴儿车斩获多项国际大奖。该推车车身支架采用碳纤维,搭配帆布面料,在保证坚韧、牢固的同时又极为轻量化,使用者可以在几秒钟之内通过几个简单的步骤完成收纳操作。此外,搭配车身顶部的遮阳罩及底部的收纳包,小小的体积也能够满足日常带娃出行的基本需求。Pockit折叠婴儿车,作为当时世界上体积最小的折叠婴儿车,在折叠后能轻松放入飞机的行李架中，也能满足公共空间及公共交通等多种场景的折叠需求。

好孩子致力于设计、研发、制造儿童汽车安全座、推车、服饰、喂养及洗护等一系列婴童生活用品。凭借对产品质量与功能结构的深度研究与高标准追求，好孩子获得了国内乃至国际市场的高度认可。好孩子不仅积极创新结构与技术，拥有上千种专利积累，还参与制定多项行业标准，始终走在全球婴童用品行业前列。

382

383

美的壁挂复合式空调

空调是如何保障你的健康的?

关键词: 改善空气质量

美的集团于1968年创立于广东省佛山市，经过几十年的发展，已然成为全球最大的家电制造商之一，产品涵盖了空调、冰箱、洗衣机、厨房电器等多个领域。2014年，家电行业增速整体放缓，美的集团坚持"产品领先、效率驱动、全球运营"的战略，持续深化企业转型。

在此背景下，美的推出壁挂复合式空调，不仅在外观上针对传统空调有所突破，也在功能上实现创新。Hybrid air复合式空调采用光滑圆润的设计线条，以金属质感边框进行装饰，顶部搭配菱形渐变矩阵，在极具现代感的基础上给人一种清爽的视觉感受。空调后端采用内收的设计语言，显得更加小巧玲珑。复合式空调无论从造型、色彩还是材质来看，都颇为高端简约，能够完美地融入任何使用场景。此外，美的复合式空调还十分注重用户的健康，在智能调节室温和改善空气质量的基础上，还能够定时进行自体清洁和消毒。当设备进入自洁模式时，多孔塑料面板会有指示灯显示，从而达到提醒使用者的目的。

美的壁挂复合式空调突破了传统空调的设计界限。凭借其在技术上的不断突破与创新，美的空调为用户营造了更加舒适与健康的生活体验。复合式空调的推出，进一步提升了美的产品的核心竞争力。美的产品也以其可靠性、创新性和高性价比，深受国内外消费者的喜爱。

米家LED智能台灯

为什么国际上大家称呼
小米为 Mi Look 呢?

关键词: 实力与颜值兼具的台灯

2010年，小米创立于北京，是一家专注
于智能手机、智能家居和消费电子产品
的科技公司。小米以其高创新性和高性价比赢得市场口碑，通过线上
销售和社区营销在全球范围内积累了庞大的用户群体。此后，小米采
用"三驾马车"战略，致力于打造完整的智能生态系统，为用户提供
全方位的智能化生活家居解决方案。

米家是小米旗下的智能生活品牌，致力于让每个人都能享受到科技的
乐趣。自2016年成立至今，米家已拥有数百款智能家居产品和近两亿
的联网设备，是世界上最大的消费级IoT平台。LED智能台灯作为米
家代表产品之一，由小米设计团队和Yeelight联合打造，其造型简约、
细长、纯粹，没有多余的装饰，适用于大多数家庭与办公环境。LED
智能台灯整体采用纯白塑料，转轴部分则采用全金属一字结构，在光
源与灯杆处以红色线连接，设计上起到了画龙点睛的作用。在功能上，

该台灯具备亮度、色温可调，高显色指数，以及无可视频闪的护眼功能。此外，它也支持使用手机小米App或小米AI语音助理"小爱同学"来控制，是一款名副其实的智能台灯。

米家的很多产品都和这款台灯一样，兼具美观的造型和实用的功能。也正因如此，小米的设计语言在国际上获得了高度肯定，被冠以Mi-Look的美称。2021年，小米在智能家居、智能穿戴、健康医疗等领域发展成熟后，开始进入汽车领域。对于小米而言，这是一项极具挑战的战略举措。相信借助品牌知名度及企业实力，小米有望为汽车行业带来新的创造力与竞争空间。

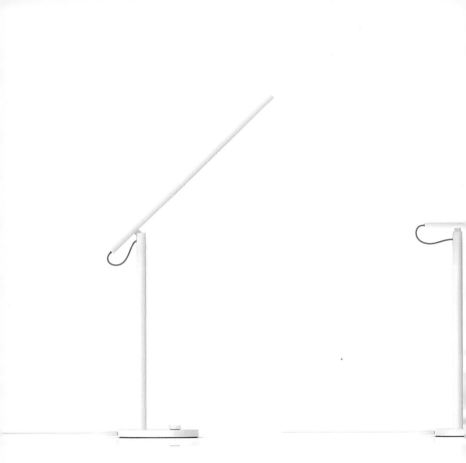

海尔Ubot智能机器人

机器人能帮你看家护院吗?

关键词: 家庭伺服机器人

海尔集团创立于1984年,是全球知名的大型家电品牌,其产品深入200个国家和地区,服务于10亿家庭用户。作为一家综合性跨国企业,海尔旗下拥有海尔、卡萨帝、统帅等众多品牌,它们共同构建了海尔工业互联网平台和大健康产业。海尔持续聚焦实业,始终以用户为中心,坚持原创科技,布局智慧居住和产业互联网两大赛道。

在"以无界生态共创无限可能"品牌理念的倡导下,2016年,海尔推出智能机器人Ubot。这款机器人旨在为用户提供更加便捷高效的家庭服务,提升家庭生活的智能化与舒适度。Ubot的外观造型极具拟人特征,集听、说、看、嗅、走和思考功能于一身,能够扮演居家生活的安全卫士和智能管家的角色,也可以作为孩子的玩伴和启蒙老师,并能承担陪护老人的任务。作为智能家居控制中心,Ubot联接并管理家庭中的智能设备,借助先进的语音识别和处理技术,能够实现人机之间自然的语言沟通和交流,方便用户通过语音命令实现设备间的联动与控制。此外,通过人工智能技术,Ubot能够学习和适应家庭成员不同的习惯与偏好,为用户提供更加个性化的服务。用户还能够通过手机App远程查看和控制其工作状态。

作为海尔自主研发的智能家居机器人,Ubot的诞生意味着海尔开启了全新的智慧生活体验,展示出海尔在智能家居领域的技术实力与创新能力,意在为用户提供一个打破家的边界、实现无缝畅联的更为个性的生活的可能。

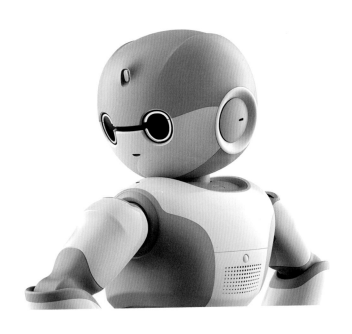

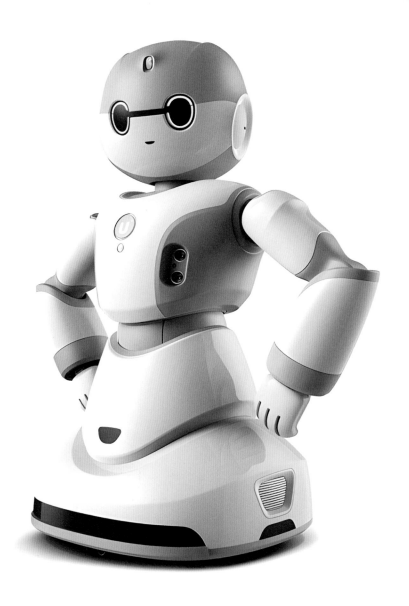

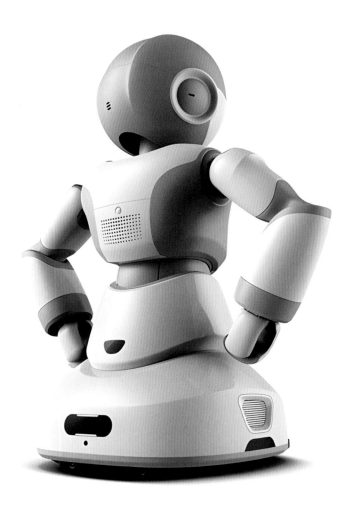

TINGHOME 汀壶

茶，你喝还是不喝？

关键词：传统与现代结合的诚意之作

2014年，在北京后海沿岸的一间静谧小院中，汀家（TINGHOME）由具有深厚茶业背景的庄景杨和拥有国际化视野的海归设计师刘芳共同创立。他们将传统茶文化与现代设计理念相结合，致力于创造既美观又实用的茶具等生活用品。

汀壶项目最初发源于设计众筹，于2016年实现落地量产。汀壶的设计充满了艺术性与人性化，采用了多曲面设计，细微之处的弧度转折让使用者握持更加轻松。汀壶采用了固定式提梁，在保留传统茶具韵味的同时，使得茶桌桌面器物呈现高低错落的灵动感。与传统提梁不同的是，汀壶提梁采用不对称的造型——在一侧延伸提梁结构，使其与开关融为一体。这个设计上的巧思除了使壶的造型更加美观、现代化外，还实现了通过按压提梁的方式开启水壶烧水模式的便捷操控。提梁作为汀壶的点睛之笔，兼具美观与功能，使用者能够毫不费力地随

意抓握、随心开启汀壶。

一般的电水壶设计偏重功用，忽视形态，容易导致电水壶的壶身与底座极不协调。汀壶的设计细致地考虑到这一点——它的底座采用四方造型，表面微微下凹且底部内收，在视觉上更加轻巧、精致，与壶身两相对照，传递了中华传统"天圆地方"的和谐美感。此外，壶盖采用塑胶材质防烫手，壶嘴的曲线弧度经过深思熟虑，既保持了汀壶设计的整体性，又保障了水壶出水量适宜。整体而言，汀壶的设计简洁、精准，且易于使用，不失为茶几上的一道风景。

汀壶的诞生，始于创始人对传统茶文化的传承与创新，更来源于其对产品细节的推敲与坚持。正如TINGHOME所倡导的，"为生活之人，制造诚意之物"。汀壶为现代人快节奏的生活，带来了一丝静谧与安宁，打造了一种平和与放松的生活方式。

碳纤维智能旅行箱

> 旅途中你可以优雅地拿取行李吗?
>
> 关键词：轻轻一触，便能开启

杨明洁创立的 YANG DESIGN（羊舍）自2005年起，凭借其前瞻的设计思维与策略，多年来与波音、奥迪、华为等国际顶尖品牌建立了长期合作关系，作品涵盖眼镜、箱包、飞机内舱、家居产品等多个领域，其品牌融合了中国人文精神与德意志逻辑思考的前瞻生活方式。

2017年，YANG DESIGN（羊舍）推出了碳纤维智能旅行箱，该产品由奥迪与杨明洁及其团队共同设计研发，采用了奥迪独具特色的 ultra 轻量化技术，通过双 U 形铝镁合金骨架结构与碳纤维结合，兼具轻量化与牢固性的特点。值得一提的是，该行李箱顶部的锁具部分植入了生物指纹识别技术，搭配独特的前板开合结构，只需手指轻轻一触，便能开启箱体前盖。即使空间狭小，行李箱处于直立的状态下，使用者依旧能够轻松快捷地打开行李箱拿取物品。此外，黑色碳纤维兼具

工业感与未来感，既展现了材质本身的美感，也为该产品增添了一丝现代简约的优雅，符合商务出行的高端定位。碳纤维智能旅行箱以其创新的设计理念和先进的材料科技，重新定义了旅行箱的功能与美学。

目前，YANG DESIGN（羊舍）除了提供设计咨询与服务外，还长期坚持用户研究、快速成型工艺研究、CMF与趋势研究、公共与服务设计等，并投资创办了工业设计博物馆、新手工艺研究院等机构，致力于传播YANG DESIGN（羊舍）的设计思想与文化，通过设计提高人们的生活质量。

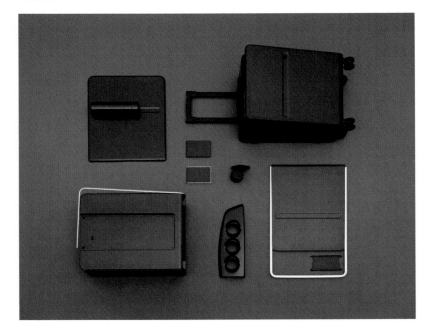

共和国100个经典民生设计

NOMI车载人工智能系统

NOMI，你想带我们去哪里?

关键词: 实体车载系统

2017年，蔚来发布了EVE概念车，与其同时推出的还有S.POINT（上海指南工业设计有限公司）与蔚来共同研发的NOMI车载人工智能伴侣系统。S.POINT于1997年成立于上海，持续为世界五百强企业及众多中国本土品牌提供设计服务，覆盖汽车、通信、家电、医疗健康等领域。

NOMI系统在蔚来座舱中有两种存在形式: 一种是基础款的NOMI Halo，它通过呼吸灯和声音来与用户互动；另一款NOMI Mate则是具备车内全圆AMOLED屏幕的实体半球体机器人。作为蔚来汽车的"大脑"，NOMI深入打通了车辆的各项功能，能够快速且智能地响应车主的多种需求，如导航、播放音乐、调节空调、调节车窗、调节座椅等。基于强大的车载计算能力和云计算平台，NOMI集成语音交互系统和智能情感引擎，创造出了一种全新的人车交互方式。特别是NOMI

Mate，它提供了一个具象化的载体，凭借全新的智能配套硬件，实现了动作快速自然、表情和声音丰富灵动的效果，让车成为有生命、有情感的伙伴，而不再是一个冰冷的交通工具。这实实在在地拉近了车主与车之间的距离，增强了人与车的情感连接。

S.POINT与蔚来共同研发的NOMI，重新定义了座舱空间内的智能交互系统，为车载空间的人机界面交互提供了更多的可能性，极大程度地丰富了人们的出行方式。

九牧SAILING超薄小便器

在公共卫生间如厕，你会尴尬吗？

关键词：集隐私、卫生、美感于一体

成立于1990年的九牧集团，作
为中国卫浴行业的领军企业，
创新是其持续领先于其他卫浴行业的核心动力，也是确保其在市场竞
争中发展壮大的关键。凭借对技术革新的不懈追求和对市场需求的敏
锐洞察，九牧不仅在国内市场树立了良好的品牌形象，更在国际舞台
上展现了中国制造的实力。

2017年，九牧集团与德国设计师德克·舒曼合作，推出了一款为公共
空间设计的SAILING超薄小便器。该产品以极简的外观和超薄的形
态，重新定义了公共卫生产品的视觉美学。此款小便器以"帆"为灵
感，不仅美观，还非常实用。流线型的外观和柔和的边缘处理，大大
减少了卫生死角，提高了维护效率。产品表面经过特殊工艺处理，不
仅光滑细腻，易于清洁，更具有抗菌特性。此外，SAILING的扇形挡
板结合35度斜角安装工艺，让用户在公共空间如厕时也能很好地保护

个人隐私。其超薄的形态设计，不仅在视觉上给人以轻盈、现代的感觉，还减少了材料的使用，降低了生产成本。此外，SAILING 还配备了智能感应系统，能够自动控制水流，有效节约水资源，体现了九牧集团对环保的重视。

九牧集团在30多年的发展历程中，凭借优秀的产品质量、人性化的设计理念，以及对现代科技的持续探索，为消费者提供了高品质、舒适实用的卫浴产品，深受用户信赖和喜爱。

贝尔Mabot模块化球形编程教育机器人

玩玩具就可以提高AIQ吗?

关键词：模块化组件

贝尔科教成立于2011年，多年来秉持"科技改变教育，培养人工智能时代原住民"的企业使命，是一家线上线下相融合的教育服务平台。

2018年，贝尔推出了专为6岁以上儿童研发的Mabot智能教育机器人。该机器人灵感来源于人体结构，它将"大脑""视觉""触觉"和"关节"等核心元素组成机器人主要部件。为了满足儿童拆装方便、易于上手、重复利用的需求，Mabot配备有各种传感器，以圆形模块的形式让孩子们能够根据自己的想象力快速插拔，创造出各种形式多样的机器人。Mabot符合儿童对于色彩的习惯偏好，主要采用黄色和白色，以快速地吸引儿童的注意力。此外，Mabot形态圆润、材质环保，体现出设计者对儿童安全的重视。Mabot共有四套套件，儿童可以根据自己的喜好自由组合造型并定义其独特的功能。通过智能App Mabot Go，用户可以控制机器人移动、与周围环境互动等，也可借助Mabot

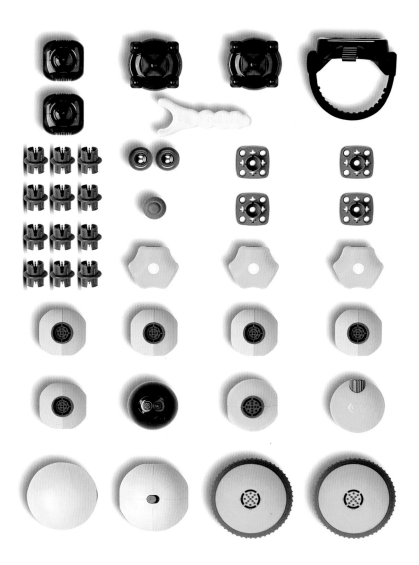

413

IDE对机器人进行编程以增加其附加功能。得益于其模块化的通用设计，Mabot还可以与乐高拼接，让儿童创造出更多的可能性。

Mabot不仅是一款儿童玩具，更是激发儿童求知欲与学习兴趣的绝佳工具。在它的陪伴下，孩子们可以充分发挥创造力、计算思维和编程思维，进而提升AIQ，让创造的力量在他们手中绽放无限可能。

九阳F-Smini蒸汽电饭锅

做饭，可以变得更加简单吗?

关键词：餐具型内胆

诞生于1994年的九阳，作为中国小家电领导品牌，其核心产品类别包括豆浆机、破壁机、电饭煲和热水壶等厨房用品。凭借优质的产品质量、高端的核心技术和以用户健康为中心的理念，九阳赢得了广泛的市场认可，不仅在中国市场占据重要地位，还积极拓展国际市场，致力于为全球用户提供优质的厨房电器产品和服务。

蒸煮一直是中国传统的烹饪方式之一。近年来九阳持续研发蒸汽锅具，以满足用户对健康饮食的需求。2019年，九阳推出F-Smini蒸汽电饭锅，该锅摒弃了传统通过内胆导热的烹饪方式，将高温蒸汽直接注入内胆，简化了蒸煮过程，在提高蒸煮食品效率的同时，还提升了食材的口感。与传统电饭锅不同的是，该锅具采用框式结构，其内胆不再受容量、形状和材质的限制，将不同内胆置于锅框内可以调整其烹饪方式，适应于不同食材。比如，无涂层内胆用于烹饪米饭，其双柄造

型采用上凹下平的椭圆形剖面，形态曲面的设计语言保持与锅体一致。与锅框匹配的内胆均采用餐具形制，方便用户随意切换需求，减少用户清洗餐具的工作量。此外，该锅具还可与手机 App 智能互联，通过手机即可进行远程预约、查询进度等操作。

九阳作为中国厨房电器行业的领军企业之一，通过不断地创新与发展，建立了良好的品牌形象，拥有一定的市场地位。30 年来，九阳持续为用户打造一系列健康家电，给亿万家庭带来了健康便捷的烹饪方式。2021 年，九阳参与研制的太空厨房成功入驻中国空间站，九阳产品不仅走出中国、走向世界，甚至真正地走出了地球。

阿里巴巴物流机器人"小蛮驴"

年

"小蛮驴",你今天工作了吗?

关键词:末端智能配送

达摩院成立于2017年,是阿里巴巴集团下属机构,致力于探索未知科技,以人类愿景为驱动力,面向未来开展基础科学和创新性技术研究。达摩院旨在打通应用基础研究和产业应用,探索技术产品化、产品市场化的转换路径。

在2020年的云栖大会上,达摩院推出智能机器人平台,并基于该平台开发不同使用场景下的系列机器人产品。针对当前日益突出的配送问题,达摩院推出首款物流机器人"小蛮驴",旨在满足最后三公里的末端配送需求。"小蛮驴"外形酷萌,采用四轮构造,具有出色的灵活性和稳定性,能够在社区、学校和办公园区等各种道路场景中自如穿梭。在整车车身底盘上搭配了箱式外壳,顶部前后各配备凸起的激光雷达,在整体造型圆润亲和的基础上增添了一丝俏皮感。此外,设计考虑到"小蛮驴"低成本和高可靠性的需求,采用抽拉式充电电池,每次充满

电即可达到102公里的续航里程，每天最多可配送500个包裹。小蛮驴凭借阿里巴巴在人工智能和自动驾驶技术上的领先优势，通过类人认知智能和高效的路径选择，显著提升了配送效率。"小蛮驴"同时具备多层次安全设计和远程驾驶系统，确保在各种极端环境下的稳定运行。

"小蛮驴"的诞生体现了阿里巴巴的理想主义和务实落地的平衡理念。其低成本、高可靠性和规模化量产能力，为物流行业带来了颠覆性的变革，推动了无人配送技术的发展，促进了物流行业的数字化转型，为实现智慧城市提供了强有力的支持。

大疆DJI Mini 2航拍无人机

Mini 2，可以带我看得更高更远吗?

关键词：小巧紧凑

DJI（大疆）自2006年成立以来，秉持"创新致力于持续推动人类进步"的理念，在无人机、手持影像、机器人教育及更多前沿创新领域不断革新突破，重塑人们的生产和生活方式。作为空间智能时代的引领者，大疆以人为先，以科技为驱动，携手广大合作伙伴为社会提供创新的产品与解决方案。

2020年，大疆推出DJI Mini 2无人机，该机型延续了第一代产品的整体设计风格，是一款非常轻巧的航空无人机，其重量不足249克。DJI Mini 2在无人机的构造原理上追求极致，机身采用了玻璃钢复合材料，外壳壁厚小于1毫米，使得其重量更轻、飞行更稳定。虽然DJI Mini 2机身更加小巧紧凑，但仍旧保持着强大的拍摄与飞行性能。其摄像头具备4K的分辨率，支持4倍变焦，高清图传距离最远可达10公里，抗干扰能力更为强大，最高可承受5级风速。此外，该款无人机在用户

友好方面进行了诸多探索。例如，它支持自动起飞、精准悬停和智能返航，这降低了操作无人机的门槛。并且，手机App中预制了一键成片的功能，只需一次点击，就能自动拍摄出具有视觉冲击力的短片。该机型也是大疆首款支持手机快传功能的无人机，手机可以直连飞行器传输拍摄素材。

DJI Mini系列凭借其简约轻薄的外观与出色稳定的性能，让更多人有机会亲身体验航拍飞行的乐趣，也进一步促进了无人机在各领域的普及应用。

科大讯飞H1智能录音笔

说得太快啦，能记得下来吗?

关键词：智能录音

科大讯飞成立于1999年，是亚太地区知名的智能语音和人工智能上市企业。自成立以来，科大讯飞一直从事智能语音、计算机视觉、自然语言处理、认知智能等人工智能核心技术研究。

2021年，为满足职场人士对会议、培训、谈判等活动的快速录音需求，科大讯飞推出了H1智能录音笔。录音笔呈细长形，方便用户抓握，机身采用全金属结构，线条流畅，尽显时尚简约。录音笔采用领夹式设计，圆弧矩形上端微微翘起，方便拇指按压施力，可夹在衣领、袖口、笔记本等位置。机身上端以镂空形式与麦克风融合，整体造型语言统一，并且能够保护指向麦克风顺利收录音。为了方便用户实现快速录音，机身侧面采用按、拨等不同方式的操作按键。录音按键上还有红点标注，起到视觉聚焦和差异化的作用。基于人工智能算法，H1智能录音笔还有着极其强悍的性能。通过与手机App的连接，可以实现十

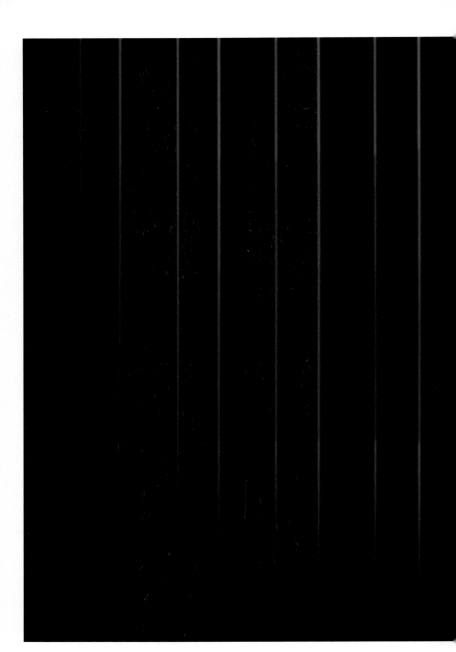

大语种的免费转写、实时精准翻译等。此外，当录音过程中出现噪音过大或破音等现象时，录音笔上方的指示灯会亮红灯提醒用户。

H1 智能录音笔还支持多终端互联以实现共享与协作。对于职场人士而言，小巧便携的 H1 智能录音笔使他们能快速记录会谈内容，避免了手写的烦琐，更加专注于内容本身，在很大程度上减轻了工作压力、提升了工作效率。

431

匹克3D打印球鞋SPHERE源型

这是世界上独一无二的鞋吗?

关键词: 可定制的运动鞋

匹克创立于1989年，作为中国领先的运动品牌，一直致力于通过技术创新推动运动科技的发展。匹克在全球设有六大研发中心和运动科学实验室，与数十所高校合作，深度研究新材料和先进制造技术。通过技术、产品、品牌上的升级，凭借态极科技和3D打印技术，匹克不断引领着行业的创新，在科技运动赛道上加速前进。

匹克早在2020年首届匹克125未来运动科技大会上便推出了3D打印球鞋。2022年，匹克推出SPHERE源型款球鞋，该产品采用以TPU为主的3D打印材料，在兼顾柔韧性和耐磨性的同时，实现了绿色环保、完全可回收。经过近一年的改良和升级，最终成品以整体无边缝、100%个人定制、未来感强的设计以及环保理念赢得了国内外的高度认可。通过采用3D打印技术，匹克能够快速生产出符合消费者个性化需求的产品，降低生产成本，提高生产效率。

匹克不断突破传统，在3D打印技术领域的表现尤为出色，自2013年引入3D打印设备以来，已经成功推出了多款具有国际影响力的3D打印运动产品。匹克SPHERE源型的推出，一方面揭示了3D打印技术对日常生活的影响，另一方面引领了未来运动产品的设计和制造潮流，为鞋业的未来提供了一种新的可能性，不仅展示了匹克体育在运动科技领域的创新能力，也标志着其在环保和个性化生产方面的重大突破。

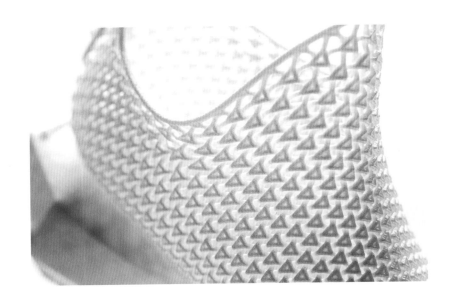

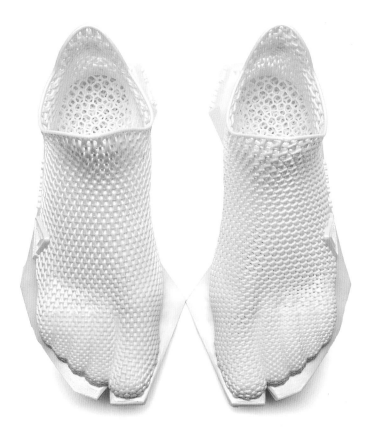

小牛电动自行车SQi

这是摩托车，还是电动自行车?

关键词：跨姿骑行电动车

Niu Technologies（小牛电动）成立于2014年，是中国城市出行领域的先锋企业。小牛电动致力于为用户提供便捷、环保的智能出行工具，旨在通过科技、潮流、自由的品牌理念，改变人们的出行方式，让城市生活更加美好。小牛电动不仅是中国城市出行领域首家lifestyle品牌公司，其产品更是凭借创新设计和卓越性能，赢得了全球范围的高度认可。

2022年，小牛电动推出首款跨骑姿态的电动自行车SQi，先锋的外观设计、突破性的功能布局，使其具有摩托车的骑行体验。车架采用创新一体式设计，外露的框架使得整车极具工业外骨骼风格。整车车架采用轻镁合金材料，以一体成型的方式降低了电动自行车的整车重量，并且提高了车辆的整体强度、抗震性及耐腐蚀性。此外，悬浮的天使眼大灯、方便插拔替换的电池、小巧紧凑的前后挡泥板，无不彰显了小牛电动对功能和美学的极致追求。事实上，SQi还具备多维互联功能，如SIRI语音、手机App、蓝牙钥匙、NFC卡片等均可以实现对车辆的操控，为用户提供了顺滑切换的智能出行体验。

电动自行车SQi的推出，意味着中国两轮电动车的设计与制造实力已跃升至国际一流水平。SQi不仅是一辆电动自行车，更是小牛电动在未来智能出行上的一次探索与实践。它引领了城市出行方式的变革，为用户提供了更加便捷、环保和智能的出行选择。

HOTO工具箱系列

这是工具，还是产品?

关键词: 现代风格工具箱

HOTO（小猴科技）创立于 2016 年，是一家以创新设计和高性能著称的公司。创始人刘力丹秉持"造心中所想"的设计理念，致力于为现代家庭提供简约而实用的工具解决方案。其品牌专注于将创新与设计融入日常生活，以满足用户的多样化需求。

2022 年，小猴科技推出 HOTO 工具箱产品，专为现代家庭而设计。工具箱采用流线型和简洁的设计风格，卡扣位于握手与箱体之间，通过嵌入式设计，实现了造型的整体统一，方便开合。HOTO 工具箱对传统箱体结构进行了简化，摆脱了一贯以来的复杂性和笨重性，使用户在不牺牲功能的前提下，能够直观地对产品进行使用。工具箱内部布局通过精心设计，紧凑而齐全，通过三种不同的组合搭配，来满足用户日常使用中的差异化需求。HOTO 工具箱通体白色，小巧而易于携带，能够完美地适应并融入各种室内外环境。

Designed by HOTO

Designed by HOTO

441

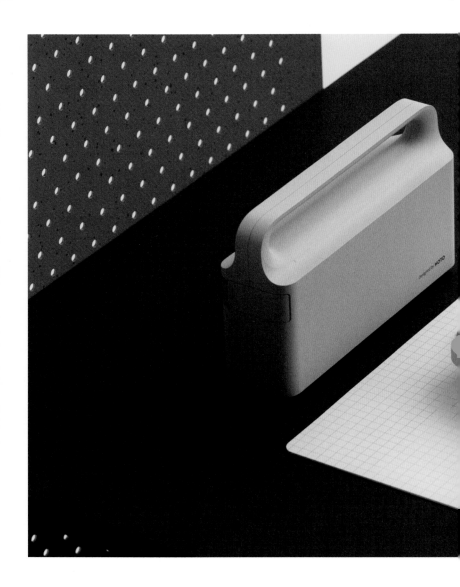

443

HOTO工具箱的推出，打破了传统家庭工具收纳产品的设计界限，不仅展示了小猴科技在外观美学上的追求，还呈现了其在实用性上的突破。该系列产品通过简洁的设计和高性能的组合，帮助用户摆脱了传统工具箱的杂乱无章，提升了使用体验。此外，该系列产品也充分展示了现代工具设计的未来趋势，满足了现代家庭对工具产品的多样化需求，推动了家庭工具行业的发展。

华为Mate 60手机

2023 年

没信号了，还能联系得上吗？

关键词：双向通信

华为创立于1987年，是全球领先的信息与通信基础设施和智能终端提供商。华为致力于把数字世界带给每个人、每个家庭、每个组织，构建万物互联的智能世界。因此，华为始终坚持基础研究与开放创新。其商业布局遍及170多个国家和地区，为全球30多亿人口提供服务。

华为Mate 60系列是华为于2023年推出的手机产品。该系列采用了具有突破性的同心圆造型，以品牌符号为中心，黑色摄像头组件将其环绕，外圈的同心圆弧在实现视觉延伸的同时，也起到了不同材料分割的作用。此外，Mate 60 Pro+采用创新的纳米级金属双染技术，实现了无缝双色效果，进一步凸显了其独特的同心设计。Mate 60系列不仅有着简约大气的外观，还具备强大的使用性能，如其支持基于天通和北斗卫星的双向通信，可以在没有任何信号的情况下与另一部手机保持通信。此外，该系列手机采用自主研发的HarmonyOS 4系统，搭

载先进的人工智能技术，具有空气控制、智能传感支付、人工智能信息保护等多种智能且对用户友好的功能。

华为Mate 60是一款具备创新性与高性能的智能手机，代表了华为在硬件和软件技术方面的研究成果。此外，华为Mate 60还集成了先进的5G技术和AI功能，使用户能够享受更便捷和个性化的智能生活服务。整体而言，华为Mate 60系列凭借优质的产品质量和强大的产品性能，受到了广大消费者的喜爱，进一步巩固了华为在高端智能手机市场的地位。

比亚迪仰望U8

你知道什么样的车可以原地掉头吗？

关键词：将现代文明带入旷野

比亚迪成立于1995年，肩负"用技术创新，满足人们对美好生活的向往"的品牌使命，经过20多年的高速发展，在全球范围内设立众多工业园区，业务涵盖电子、汽车、新能源和轨道交通等领域。仰望是比亚迪集团旗下的高端新能源汽车品牌，设计团队以浩瀚宇宙中的"时空之门"为全系车型的家族式设计语言，探索前瞻性设计与技术的融合，为用户提供更多的新能源高端车产品。

仰望U8作为其品牌的首发车型，是一款百万级新能源越野汽车。前脸设计来源于中国传统"鼎"的文化符号，以参数化灯光与格栅营造出简洁且具有张力的前脸曲面，打造了仰望家族的设计语言，提高了品牌识别度。通过车身侧面尺度的优化及腰线的贯穿，打造出尽显豪华感的修长比例。多边形轮拱搭配简洁曲面，形成强壮的车肩，结合比例均衡的车窗，使其具备良好的视野，兼具力量感。尾灯采用前灯

参数化曲面的设计语言，与车身整体风格保持高度一致。易四方和云辇-P智能液压车身控制系统两大技术，使其具备四轮独立扭矩矢量控制能力，能够实现极限操稳、爆胎控制、应急浮水、原地掉头、敏捷转向等场景功能。

仰望U8的推出，既是比亚迪集团技术实力的集中展示，也是我国汽车工业的一个重要里程碑。自上市以来，仰望U8的月销量一直保持在1000辆左右，它的市场表现将有助于提升中国汽车品牌在国际市场上的影响力和竞争力。它向世界展示了中国汽车品牌在技术研发、品质控制和市场拓展方面的实力，为中国汽车品牌的国际化发展奠定了坚实的基础。

　共和国100个经典民生设计

浩瀚 iSteady MT2 相机稳定器

怎样才能轻松运镜呢?

关键词:小巧且稳定

Hohem(浩瀚)创立于2014年,是全球主流智能影像品牌,秉承"轻松记录美好瞬间"的品牌理念,不断革新影像记录方式,在防抖增稳、智能运镜、AI追踪等领域已取得多项行业领先技术。

浩瀚 iSteady MT2是一款专业级的三轴相机稳定器,兼容微单、智能手机、卡片相机等小型机器。与传统稳定器不同的是,浩瀚 iSteady MT2具备独立AI追踪功能,可以通过简单的手势控制来实现人体跟踪,为使用者带来了更加便捷的使用体验。相较于同类产品,浩瀚 iSteady MT2机身更加小巧轻便。即便如此,它依旧具备超强的承重能力,除了手机、运动相机外,甚至能够搭载全画幅专业微单相机和部分镜头使用。此外,浩瀚 iSteady MT2十分注重用户使用的便捷性,其独特的3秒切换横竖屏功能,方便用户只需将装有L型快装支架的相机旋转90度,沿安装座卡槽推入,即可完成操作。快装板采用通用型设计,

严格遵循阿卡标准，使得用户在拍摄过程中可快速更换配件，提高使用效率。与此同时，手机快装支架上设有多个扩展口，用户可以根据需求添加补光灯、麦克风等配件，满足了创意拍摄的差异化需求。

浩瀚iSteady MT2通过卓越的产品性能和简单的使用方式，赋予了用户更加轻松和多样化的拍摄体验。得益于其智能化与便携性，浩瀚iSteady MT2吸引了更多的消费群体，让普通用户进行专业拍摄成为可能。

遨博S系列协作机器人

这么小，它还是机器人吗？

关键词：轻量化服务领域机器人

遨博（北京）智能科技股份有限公司创立于2015年，是一家专注于协作机器人研发、生产和销售的国家高新技术企业。自成立以来，遨博智能推出了众多系列协作机器人、复合机器人和码垛工作站，以覆盖广泛的公共空间应用场景。

2023年，遨博 S系列协作机器人面市。这是专为商业和服务领域设计的全新系列型号。该系列协作机器人外观极具科技感与现代性，其轻量化、小型化的设计风格，在满足机器人集成需求的同时，能够简单、灵活地进行操作。遨博 S系列搭载ARCS机器人操作系统，不但能满足商业使用，还支持无线示教功能。通过控制系统的优化，可以进一步保障用户在使用过程中的安全性。此外，协作机器人可以根据客户的需求进行材质、颜色、标志和图案的个性化定制，是商用、服务和新零售等领域自动化改造的理想选择。遨博 S系列凭借其功能强大的控制系统和丰富通用的接口，保证了机器人与其他设备的完美兼容。

遨博 S 系列协作机器人通过工业与艺术的有机结合，为商用场景下的设备增添了高级感，兼顾了终端的美观、实用性与高性价比。作为协作机器人领域的先行者和国标、行标制定者，遨博智能不仅拥有多项知识产权，还实现了核心部件的国产化，打破了国外技术垄断，为国内机器人产业的发展做出了重要贡献。

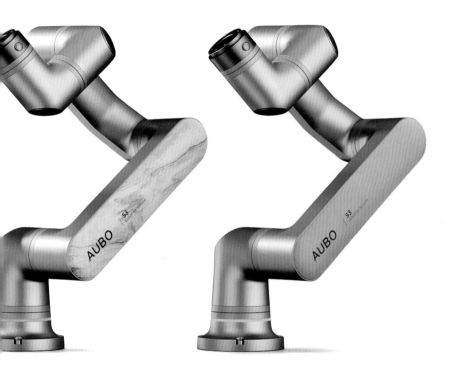

459

OPPO Watch X手表

你今天的运动数据怎么样?

关键词: 运动健康

OPPO 创立于 2004 年，是一家全球领先的智能终端制造商和移动物联网服务提供商，其业务遍及 50 多个国家和地区。在深耕手机业务的同时，OPPO 开始构建多智能终端生态，通过打造跨场景高频使用的入口级产品，让用户畅享智慧数字生活。

2024 年，OPPO 发布其在智能穿戴领域的最新力作 Watch X 系列产品。该系列手表是专为关注运动健康人士设计的智能产品，可适用于高温、严寒、水浸等恶劣环境。Watch X 做工精致，手表镜面采用蓝宝石水晶材质，通体透亮，且保障了表面耐磨抗刮的性能。表壳以精钢材质一体锻压成型，以双圆弧切面的设计，呈现出金属光影浮动的高级质感。表盘侧面的按键采用计时码表式的经典布局，让用户的操作更加流畅便捷。表带外侧采用经典皮质材料，内侧则为同色亲肤的氟橡胶，双层材质叠加处理，使得表带不仅美观、耐用，而且保障了使用舒适

度。此外，OPPO Watch X凭借独家双环天线设计，配合智能轨迹补偿算法，即使GPS信号短暂丢失也能快速精准地还原其运动轨迹。

作为OPPO的第一款圆形智能手表，从方形表盘到圆形表盘的转换，主要是考虑到其应用生态的通用化，表明了OPPO构建多智能终端生态系统的决心。OPPO Watch X的推出，不仅提升了运动穿戴设备的使用体验，更推动了智能手表在运动健康领域的专业发展。

参 考 文 献

[1] 四川省地方志编纂委员会.四川省志 轻工业志[M].成都: 四川辞书出版社, 1993.

[2] 沈阳市人民政府地方志编纂办公室.沈阳市志 轻工业 · 纺织工业 · 区街企业[M].沈阳: 沈阳出版社, 1994.

[3] 广东省二轻厅编志办公室, 张钊.广东省志 二轻（手）工业志[M].广州: 广东省人民出版社, 1995.

[4] 江苏省地方志编纂委员会.江苏省志 轻工业志[M].南京: 江苏科学技术出版社, 1996.

[5]《上海轻工业志》编纂委员会.上海轻工业志[M].上海: 上海社会科学院出版社, 1996.

[6]《上海二轻工业志》编纂委员会.上海二轻工业志[M].上海: 上海社会科学院出版社, 1997.

[7] 山东省地方史志编纂委员会.山东省志 二轻工业志[M].济南: 山东人民出版社, 1997.

[8]《上海广播电视志》编纂委员会.上海广播电视志[M].上海: 上海社会科学院出版社, 1999.

[9]《上海汽车工业志》编纂委员会.上海汽车工业志[M].上海: 上海社会科学院出版社, 1999.

[10] 福建省地方志编纂委员会.福建省志 二轻工业志[M].北京: 方志出版社, 2000.

[11] 浙江省轻纺工业志编纂委员会.浙江省轻工业志[M].北京: 中华书局, 2000.

[12]《上海美术志》编纂委员会.上海美术志[M].上海: 上海书画出版社, 2004.

专 著

[1] 毛泽东选集（第3卷）[M].北京: 人民出版社, 1966.

[2] 南京汽车制造厂.跃进牌NJ230/NJ230A型越野汽车使用说明书[M].北京: 人民

交通出版社，1976.

[3] 上海百货采购供应站.搪瓷器皿[M].北京：中国财政经济出版社，1979.

[4] 三中全会以来重要文献选编[M].北京：人民出版社，1982.

[5] 阮海波.外文打字机[M].北京：轻工业出版社，1985.

[6] 毛泽东选集（第4卷）[M].北京：人民出版社，1991.

[7] 上海英雄打字机厂.英雄牌外文打字机使用指南[M].上海：上海科学技术出版社，
1994.

[8] 上海电视一厂.闪光的金星[M].上海：生活·读书·新知三联书店，1994.

[9] 中共中央文献研究室.毛泽东文集（第6卷）[M].北京：人民出版社，1999.

[10] 中国汽车工程学会，上海画报出版社.中国汽车五十年[M].上海：上海画报出
版社，2003.

[11] 张柏春等.苏联技术向中国的转移[M].济南：山东教育出版社，2004.

[12] 陈祖涛口述，欧阳敏撰写.我的汽车生涯[M].北京：人民出版社，2005.

[13] 张治中.中国铁路机车史[M].济南：山东教育出版社，2007.

[14] 政协上海市委员会文史资料委员会，上海汽车工业（集团）总公司.上海汽车工
业五十年（1955—2005）[M].上海：上海市政协文史资料编辑部，2008.

[15]（日）陆田三郎.中国古典相机故事[M].北京：中国摄影出版社，2009.

[16] 左旭初.憧憬·追求·辉煌：中国老字号与早期世博会[M].上海：上海锦绣文
章出版社，2010.

[17] 中共上海市委党史研究室.上海支援全国（1949—1976）[M].上海：上海书店出
版社，2011.

[18] 中共中央文献研究室.十八大以来重要文献选编（上）[M].北京：中央文献出版
社，2014.

[19] 中共中央文献研究室.十八大以来重要文献选编（中）[M].北京：中央文献出版
社，2016.

[20] 中国共产党第十九次全国代表大会文件汇编[M].北京：人民出版社，2017.

[21] 沈榆.中国现代设计观念史[M].上海：上海人民美术出版社，2017.

[22] 沈榆.工业设计中国之路·概论卷[M].大连：大连理工大学出版社，2017.

[23] 沈榆，孙立.工业设计中国之路·轻工卷（一）[M].大连：大连理工大学出版社，2017.

[24] 俞海波.工业设计中国之路·轻工卷（二）[M].大连：大连理工大学出版社，2017.

[25] 沈榆，张善晋，孙立.工业设计中国之路·交通工具卷[M].大连：大连理工大学出版社，2017.

[26] 沈榆，葛斐尔.工业设计中国之路·电子与信息产品卷[M].大连：大连理工大学出版社，2017.

[27] 中共中央宣传部.习近平新时代中国特色社会主义思想三十讲[M].北京：学习出版社，2018.

[28] 沈榆，吕坚.工业设计中国之路·轻工卷（三）[M].大连：大连理工大学出版社，2019.

[29] 沈榆，陈金明.工业设计中国之路·轻工卷（四）[M].大连：大连理工大学出版社，2019.

[30] 沈榆，魏劭农.1949—1979中国工业设计珍藏档案[M].上海：上海人民美术出版社，2019.

期　刊

[1] 蒋庆瑞.上海牌三轮货车的生产与技术改进[J].汽车，1963（11）：6—7.

[2] 顾世朋，邵隆图，张传宝.浅谈上海出口化妆品包装[J].包装研究资料，1979（2）：2—3，8.

[3] 顾世朋.化妆品的包装设计[J].装饰，1980（1）：51—52.

[4] 邵隆图，张传宝.锦上添花——露美高级成套化妆品包装试制随笔[J].中国包装，1982（1）：14—15.

[5] 第一拖拉机制造厂简介[J].农业机械，1984（6）：18.

[6] 何泽民.继往开来 为四化建设作出新的贡献[J].农业机械，1985（9）：4.

[7] 余传师，余兆华.玲珑生辉放异彩 清香餐具誉全球——荣获世界金奖的光明瓷厂玲珑瓷生产简况[J].景德镇陶瓷，1986（4）：14—15，13.

[8] 张明旺.青花玲珑瓷与光明瓷厂——景德镇光明瓷厂建厂三十年概述[J].景德镇陶瓷，1991（4）：12—15.

[9] 陈梅鼎.第二代立体电视机造型设计的特征[J].设计，1993（1）:35—37.

[10] 颜光明，王一武.设计与企业同构的启示——与上海电视机一厂陈梅鼎设计师一席谈[J].设计新潮，1993(6)：33—34.

[11] 我国照相机工业的现状及发展趋势[J].照相机，1994（2）：4--9.

[12] 章金甫，张文华.“海鸥”将再展翅飞翔[J].照相机，1995（5）：8—9.

[13] 韩才元.中国国家铁路热力机车50年[J].内燃机车，2000（6）：1—10.

[14] 葛逸华.英雄100型金笔改型设计工作回顾[J].中国制笔，2002（1）：35--39.

[15] 顾世朋.我与“美加净”[J].世纪，2007（1）：38—42.

[16] 董利雄，吴巍.中国军车发展史（一）[J].汽车运用，2007（7）：12—13.

[17] 董利雄，吴巍.中国军车发展史（二）[J].汽车运用，2007（8）：8—10.

[18] 忻秀珍.在共和国里诞生的照相机（上）[J].照相机,2009（10）：60—65.

[19] 忻秀珍.在共和国里诞生的照相机（下）[J].照相机,2009（11）：60—65.

[20] 谢萃，沈榆.诗意化的技术——景德镇青花梧桐瓷具设计[J].创意设计源，2014（4）：36—41.

[21] 王星伟，王晓昕.书写未来 英雄传奇——上海英雄金笔厂的产品设计[J].装饰，2016（2）：44—49.

图片来源

本书图片来自以下机构或团队：

1. 华东师范大学设计学院中国近现代设计文献研究中心

2. 中国工业设计博物馆

3. 陈兆蓥＆林晶晶摄影团队

此外，以第四章为主的设计产品配图来源如下：

1. CITAQ Opoz RP5080型热敏打印机

https://ifdesign.com/en/winner-ranking/project/citaq-opoz-rp5080/24283?q=CITAQ

2. 永久牌"青梅竹马"竹材车架自行车

https://www.loedesign.com/project/2082/

3. 火星人X7集成灶

https://www.marssenger.com/product.html

4. 海尔画架系列电视

https://ifdesign.com/en/winner-ranking/project/easel-series-tv/103466

5. 联想Yoga 3 Pro 超轻笔记本电脑

https://ifdesign.com/en/winner-ranking/project/yoga-3-pro/147976

6. 好孩子Pockit婴儿车

https://ifdesign.com/en/winner-ranking/project/pockit/172729

7. 美的壁挂复合式空调

https://www.red-dot.org/zh/project/hybrid-air-conditioner-33998

8. 米家LED智能台灯

https://ifdesign.com/en/winner-ranking/project/mi-led-desk-lamp/204798

9. 海尔Ubot智能机器人

http://www.designmoma.com/industrial/show-879.html

10. 碳纤维智能旅行箱

https://www.yang-design.com/product-design/100244

11. TINGHOME汀壶

https://tinghome.com.cn/zh

12. NOMI车载人工智能系统

https://www.spointdesign.com/wl

13. 九牧 SAILING 超薄小便器

https://www.red-dot.org/project/sailing-super-slim-urinal-21776-21775

14. 贝尔 Mabot 模块化球形编程教育机器人

https://mabot.bellrobot.com/

15. 九阳 F-Smini 蒸汽电饭锅

https://www.red-dot.org/project/s-mini-45177

16. 阿里巴巴物流机器人"小蛮驴"

https://www.red-dot.org/zh/project/xiaomanlv-49470

17. 大疆 DJI Mini 2 航拍无人机

https://www.dji.com/cn/support/product/mini-2

18. 科大讯飞 H1 智能录音笔

https://www.iflyjz.com/Goods_desc/1/591.html

19. 匹克 3D 打印球鞋 SPHERE 源型

https://www.red-dot.org/project/3d-sphere-55690

20. 小牛电动自行车 SQi

https://www.niu.com/vehicle?type=%E7%94%B5%E5%8A%A8%E8%87%AA%E8%A1
%8C%E8%BD%A6

21.HOTO 工具箱系列

https://hototools.com/collections/tools-set

22. 华为 Mate 60 手机

https://www.vmall.com/index.html

23. 比亚迪仰望 U8

https://www.yangwangauto.com/car-type

24. 浩瀚 iSteady MT2 相机稳定器

https://www.hohem.com/cn/product/isteady-mt2

25. 遨博 S 系列协作机器人

https://www.red-dot.org/project/aubo-s-series-collaborative-robots-63856

26.OPPO Watch X 手表

https://www.oppo.com/cn/wearables/

后　记

2024年是中华人民共和国成立75周年。回望来时路，75年来，新中国的建设经历了沧桑巨变，在中国共产党的坚强领导下，全国各族人民自力更生、艰苦奋斗，取得了令世界刮目相看的伟大成就。值此举国同庆的激动时刻，谨以此书向祖国母亲献礼！

在新中国波澜壮阔的发展历程中，中国共产党始终把增进民生福祉作为经济发展的出发点和落脚点。伴随着国家政治经济建设发展，为了响应人民对美好生活的迫切需求，中国民生设计勇担重任，从探索到赋能，再到创新，不断发挥社会功用，创造文化价值，把人民对美好生活的向往转变成真正惠及全体民众的现代化建设成果。

如何呈现国家建设发展与人民生活向往之间的互动，如何呈现中国工业产品设计历尽艰辛、从无到有、如繁花般绽放的生长图景，正是本书策划之初首要面对的问题。本书首先侧重选择民生产品设计做介绍，由此反映民生设计实践发展的进程以及对于保障、提升人民生活品质的作用；其次是选择具有开拓性、奠基性，并且具有促进供应链生成的民生产品设计案例，以小见大，使读者能够了解民生设计与中国整体工业化进程的关系；最后是选择在国内外著名设计奖评选中的获奖设计作品，特别是近年来运用数字技术创新民生产品应用场景的设计。

为了循序渐进地介绍这一段波澜壮阔的历史，本书在学习、理解中国共产党党史、中国特色社会主义建设发展史的基础上，根据中国民生设计自身发展的规律和实际情况，分作四个历史阶段予以叙述：

第一个历史时期（1949—1959年）是以新中国成立为开端，以第一个五年计划的实施和向中华人民共和国成立十周年献礼的民生设计成果为主要节点。本期内容的考量是，在新中国成立之前，中国自主设计制造与民生相关的终端产品极少且经营困难，在1949—1952年新中国经济恢复期，这些产品被逐步设计调整以后安排生产，所以将1949年视作民生设计的起点是恰当的，而向建国十周年献礼的亮眼的民生产品几乎都实现了中国工业产品零的突破。

第二个历史时期（1960—1978年）是中国特色社会主义建设探索时期，处于国家计划经济阶段，但是不可否认的是，这一阶段的民生设计涉及了所有的产业领域，保障了人民生活需求，同时积极开拓了国际市场。本期内容的考量是，这一阶段民生设计与国家完整的工业化体系建设相辅相成，互相促进，以新发掘的史料生动地展现这一时期中国民生设计任务的多重性。

第三个历史时期（1979—2011年）是改革开放，国家实施工作重点的转移，社会主义市场经济体制建立时期，也是民生设计大发展的时期。本期内容的考量是，在中国积极融入世界制造体系的背景下，介绍民生设计积极引进全球先进的思想理念，迅速迭代更新民生产品，促进中国工业制造从OEM转向ODM，并进一步介绍通过民生设计推动中国工业产品实现跨越式前进的代表性案例。

第四个历史时期（2012年至今）是全面建设小康社会、推动供给侧结构性改革的时期。本期内容的考量是，通过案例介绍，能够进一步理解民生设计在当前中国经济步入高质量发展时代的历史责任，继而让设计创新切实回应在数字经济中全要素生产率大幅提升、让各类先进优质生产要素向新质生产力顺畅流动的要求。

新中国成立初期，工业基础薄弱，工业产品设计几乎是从零起步，通过全面学习苏联和东欧国家，引进成套设备，逐渐积累起设计制造经验。在工业化快速推进的过程中，产业经历了重组、合并、公私合营等多次改革；众多设计生产机构或企业也经历了多次结构调整与更名；民生产品从试制到量产、再到持续改进，产品不断更新迭代。这为本书的溯源研究带来一定困难。为此，笔者搜集整理了地方志、档案馆藏、厂志、工作笔记等大量中国工业产品设计史料；专门采访了工业系统中的设计师、工程师等行业专家；从钢笔、玻璃杯到家用电器、交通工具，甚至追溯到生产制作这些生活必需品的工作母机，力图通过大量一手资料全面再现这段辉煌的设计历史。

为了帮助读者了解每个产品的时代背景、特性和价值，本书在介绍

100个经典民生设计产品时，特别在内页上方标注了每个产品的时间。这一时间是基于产品的试制成功时间、批量生产时间以及具有代表性的配图产品的生产时间确定的。

一本书的体量是有限的，但是，我们希望通过生动且精确的图文，为读者朋友们立体呈现出新中国成立以来，民生产品中最为精彩、尤为经典的设计华章，从设计这个角度映照出新中国建设发展过程中不能尽数的动人瞬间。在这样的指导思想下，作者做了以下一些工作：

1.邀请业内外著名专家数次选题论证，严格筛选入选设计产品：确定经典民生设计产品选择的基本标准，以民生普惠性、产业奠基性、价值时代性、档案可溯性四个维度为衡量选品的标准，并将之放在中国工业化发展的时代背景中加以考察。

2.本书图文详尽，所举100例产品均配有数幅高清图片。涉及的设计史料、实物来源于华东师范大学设计学院中国近现代设计文献研究中心、中国工业设计博物馆。产品档案均有据可查。

3.立足民生设计，理解工业产品设计、工业设计，引入交叉学科的多维视角，在产品解说中附加文化、经济、历史等角度的解读，增加本书的厚度和韵味。

本书的编写得到了多方支持和帮助。在此特别感谢华东师范大学设计学院中国近现代设计文献研究中心主任、研究员、中国工业设计博物馆创始人沈榆教授，华东师范大学设计学院院长魏劭农教授，南京艺术学院前副院长何晓佑教授，清华大学美术学院副院长、《装饰》杂志主编方晓风教授，华东师范大学设计学院客座教授、著名设计师杨明洁先生，广东省工业设计协会会长胡启志先生，意大利建筑师、评论家、罗马大学终身教授托尼诺·帕里斯（TONINO PARIS）先生，以及江苏凤凰美术出版社方立松老师、王林军老师、韩冰老师、刘九零老师在本书选题框架、配图选择、体例设定、内容编校等方面提出的指导性意见。与此同时，感谢华东师范大学余雪霁老师对本书成文给予的帮助，感谢陈兆罾老师以及李欣阳、林婧晗、王子健、沈亮、刘育萱、李珑琦、徐婷媛、刘越、范珂仪、李嘉棋、陈寅懿、谢明阳、周伟健、汪昕然同学为本书的图片、视频拍摄和素材整理所做的大量基础工作。

从历史发展的角度来看，在每一个历史时期，民生产品设计都有自己的历史高度，民生设计自始至终发挥着重要的作用。100个经典民生设计产品只是中国工业产品设计的一份切片。我们希望翻开本书的读者朋友，能够借此聆听到时代的高歌，触摸到生活的温度，涌出回首75年征程的豪迈之情。

作者 林晶晶

2024年6月于丽娃河畔